斉藤謠子の質感裁縫

洋服・布包・手作小物

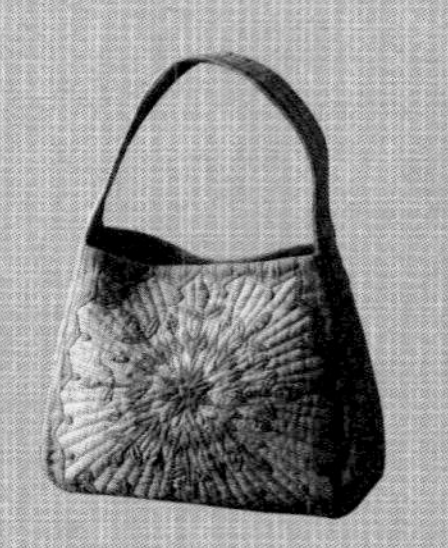

斉藤謠子の
質感裁縫

洋服・布包・手作小物

斉藤謠子の質感裁縫

洋服・布包・手作小物

斉藤謠子の質感裁縫

洋服・布包・手作小物

斉藤謠子の質感裁縫

洋服・布包・手作小物

序

以拼布作家身份參與相關活動已歷經四十多個年頭。期間也曾廣泛地從事服飾、布包等拼布以外品項創作，本書收錄我經常使用、愛用的作品，包括已經使用十多年，與近兩、三年來深愛的物品，它們的共通點是作法都很簡單，使用也十分方便。最近我也經常動手編織，因此書中也介紹了幾款織法極為簡單的針織作品。

無論是穿在身上或居家擺飾欣賞，身邊有了手作物品的陪伴，就讓人心情格外踏實平靜。看到作品時，就會回想起製作時的情景，或再次確認自己的努力過程而感到更有自信，若書中介紹的作品能在你的身邊發揮這樣的作用，將是我樂見且開心的事情。

斉藤謠子

Contents

拉克蘭袖
長版上衣

容易穿脫，方便雙手活動的拉克蘭袖。以緹花燈芯絨製作。衣身較長，還可當作洋裝穿著。若作成長袖，工作時必須挽起衣袖，實在很麻煩，因此我喜歡七分袖，請依個人喜好決定衣袖長短。兩脇邊組裝口袋，作法簡單，袖口採打褶設計，呈現寬鬆的優雅外型。

>> p.68

黑色
短袖長版上衣

我深愛麻料質感，因此一年四季都穿麻質衣衫。這件作品並未特別加以裝飾，但剪裁得體，貼合身形，是十分舒服的穿著。如同這件作品，使用薄一點的布料，完成的長版上衣更具透視感，也更加時尚。將布邊圖案配置在袖口與下襬，就能輕易地構成亮眼設計，兩側下襬加深開衩，活動行走方便自如。

>> p.67

刺繡雪花圖案長版背心

彷彿是歐洲海洋湛藍色彩的長版背心。胸前與開衩處施以雪花狀刺繡圖案，構成重點裝飾。以刺繡圖案取代布料花樣，這樣的作法我也很喜歡。以喬其紗布料製作此款圖案，再將殖民結粒繡縱向連結成線狀，構成雨珠灑落般的圖案也十分可愛。

>> p.70

格紋背心

刺繡雪花圖案長版背心縮短衣身長度，以質地厚實的毛料完成的背心。版型較寬鬆，套穿在毛衣外頭也很有型。既保暖又可凸顯穿搭重點，優點不勝枚舉，令人驚喜的是，長度正好可遮擋住自己最在意的臀部與腰圍。整體感因使用的布料種類而大不同。

>> p.70

草綠色
背心

相較於P.8作品，衣身加長8cm，以中厚棉布縫製而成。使整體看起來更為俐落，因此領口開得較深，作成V領。裡頭適合搭配立領襯衫或高領套頭毛衣。領口加上裡側貼邊，以斜布條處理領口也OK。多作幾件，每次都會有嶄新的發現。

>> p.70

短版背心

前後衣身的脇邊分別夾縫2條袢帶，完成圍兜般設計的短版背心。以色彩醒目的縫線沿著衣身進行壓線而形成裝飾重點。胸前別上P.5短版背心印花布剪下花朵圖案後作成的胸針。

>> p.72

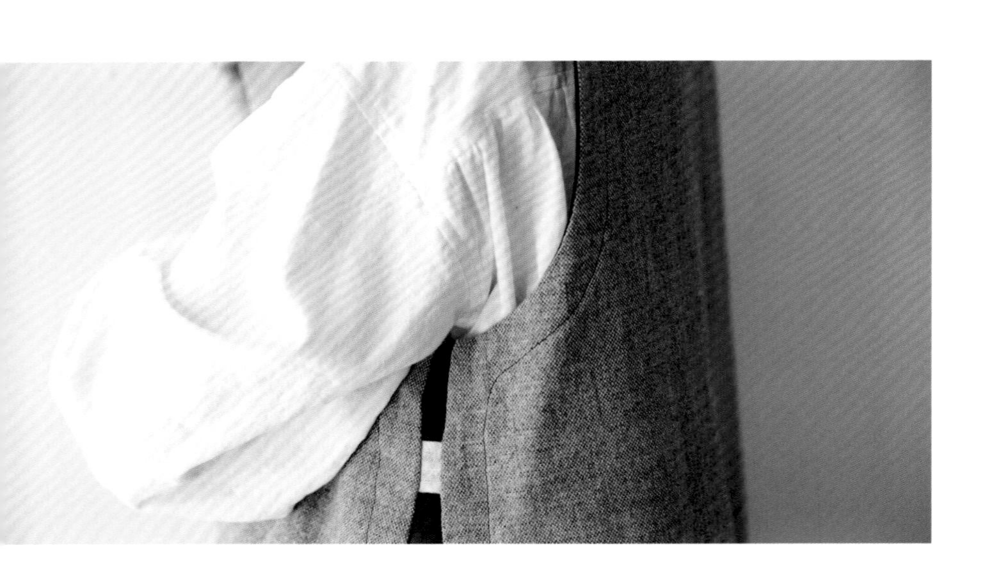

背後打褶
長版背心

以一整塊拼布風印花布作成的長版背心。避免要露不露地看到裡面的穿搭，領口裁得比較淺。夏季期間可搭配T恤，以背心裙感覺穿搭打造經典風格。背後中央打一個褶，方便肩部活動，也更加俐落，真是一舉兩得。綴縫下襬一整圈雖然需要花些心力，但卻是一件以手縫完成而倍感溫暖的實用衣物。

>>p.58

冰灰色
長版上衣

這是連自己都數不清作過多少件的基本款式。不須打開拉鍊或解開釦子，套頭就能穿在身上，令我愛不釋手，能清楚看出款式，且無論外披或下身穿搭任何衣物，尺寸都很適中，穿搭十分便利。
找到喜愛的布料時，不妨縫製成無袖或下襬開衩，變換更多款式，盡情地享受製作樂趣。

>> p.60

八分褲

這款長褲我也很常穿。剛好露出腳踝部位的長度，穿起來俐落又修身，因此成為我的最愛。方便走路，上半身適合搭配長版上衣或背心等，好穿又合身舒適。使用單寧色的麻質布料，P.14的手提包提把也使用相同布料。下次製作時，我應該會嘗試使用深咖啡色布料來作吧！

>> p.74

球形包

渾圓優雅的外型，是我一直很喜歡的包款。無論擺著或提著，看起來都優雅大方，在設計款式，決定規格時，對這部分都有充分的考量，任何身高的人都適合提用。提把施以多道車縫壓線，既可提升強度，外形上也更顯時尚，是正反兩用的手提包。

>> p.49

洋梨包

連短提把都製作得非常精美優雅的手提包。請使用毛料或棉質等質地堅韌耐用的布料製作。脇邊夾縫包邊繩，完成硬挺又不容易變形的包包。袋底兩側車縫尖褶後微微鼓起。P.1中的森林圖案白色包包則是以棉布作成。

>> p.52

馬爾歇包

購物時也能非常安心的超大容量托特包。以白熊圖案的法蘭絨布料為裡布。最令人驚喜的是不經意觸摸時的裡布觸感。袋底以稍具厚度的布料製作，袋底較深，摺疊後還能夠帶著去旅行，值得擁有。

>> p.78

三角飯糰包

形狀像飯糰，容量比較大的單柄肩背包。以帆布上熱鬧精采的印花圖案展現亮眼。希望內裝物品都能清楚看見，所以選用色澤明亮的綠色裡布製作。外口袋拉鍊的拉片加上最喜愛的裝飾，扣上鈕釦就能扣合袋口，使人安心又能夠維持袋型。

>> p.76

One Mile
休閒外出包

可輕易地完成製作，輕鬆使用的包包。擺放物品後，依然維持雞蛋般渾圓飽滿外形，連組裝在裡布上的口袋，都能依照袋底線條裁剪形狀。組裝提把時，充分考量整體協調，使用縱向對摺的織帶，作成亦可肩背的長度。正反兩用，如同表布，請以喜愛的布料縫製裡布吧！

>> p.57

One Day
輕旅包

適合在從事假日休閒活動時使用，容量較大的包包。側身口袋與側身的長度形成些許差異，構成可容納傘具或寶特瓶的空間。組裝兩種長度的提把，肩背部分增加寬度，背起來更加輕鬆。當作備用包也很活躍。側身打褶，請參考書中圖解作法練習製作。

>> p.55

方扁包

以P.4長版上衣相同花樣，但不同顏色的布料製作，縫合2片方形布片即可完成的平面包。提把與袋口施以多道車縫壓線以提升強度。以燈芯絨布料完成包包，展現別致風情。多作幾個，摺疊後帶著去旅行，是擺放名產，購物時的最佳幫手，還可當作禮物送人喔！

>> p.66

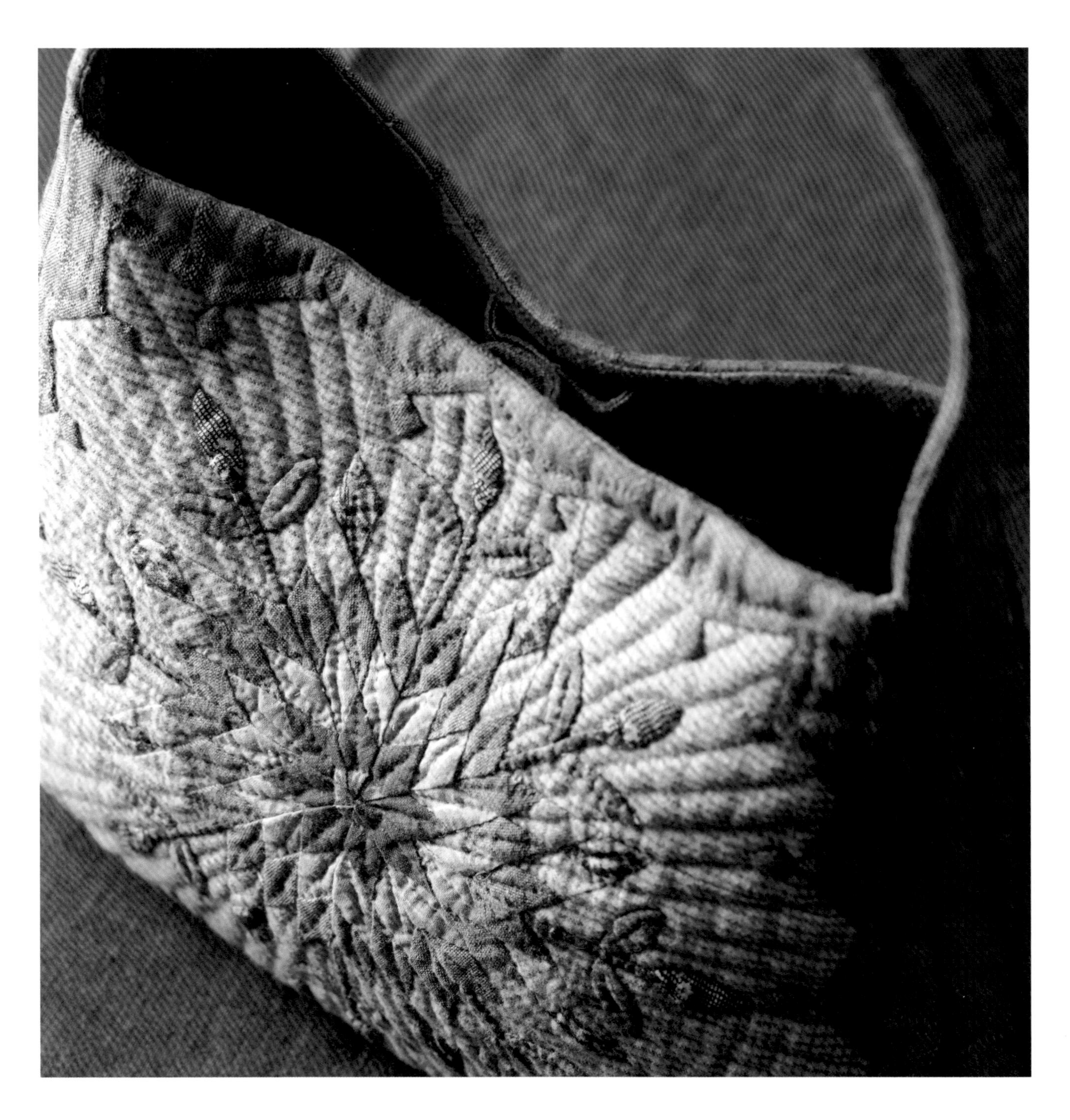

單柄肩背包

以知名拼布圖案「伯利恆之星」為基底，加上巧妙的布料色彩運用，構成漂亮花朵般的設計。以較多布片構成表布，完成拼接與壓線，展現豐富又立體的表情。背著上街時經常被搭訕，精心縫製而格外堅固耐用，圖案周圍施以Reverse quilt作為裝飾，更增優雅氣質。

>> p.88

圓形&十字圖案
波奇包

素色布上井然有序地進行圓形圖案貼布縫即完成，作法十分簡單的波奇包，但以魚骨繡與鎖鍊繡完成格紋刺繡，華麗感大大地提升。色彩運用要點在於胚布、魚骨繡、拉鍊等處配置鮮豔顏色，再以低彩度顏色統一色彩。確定配置後再縫合吧！

>> p.82

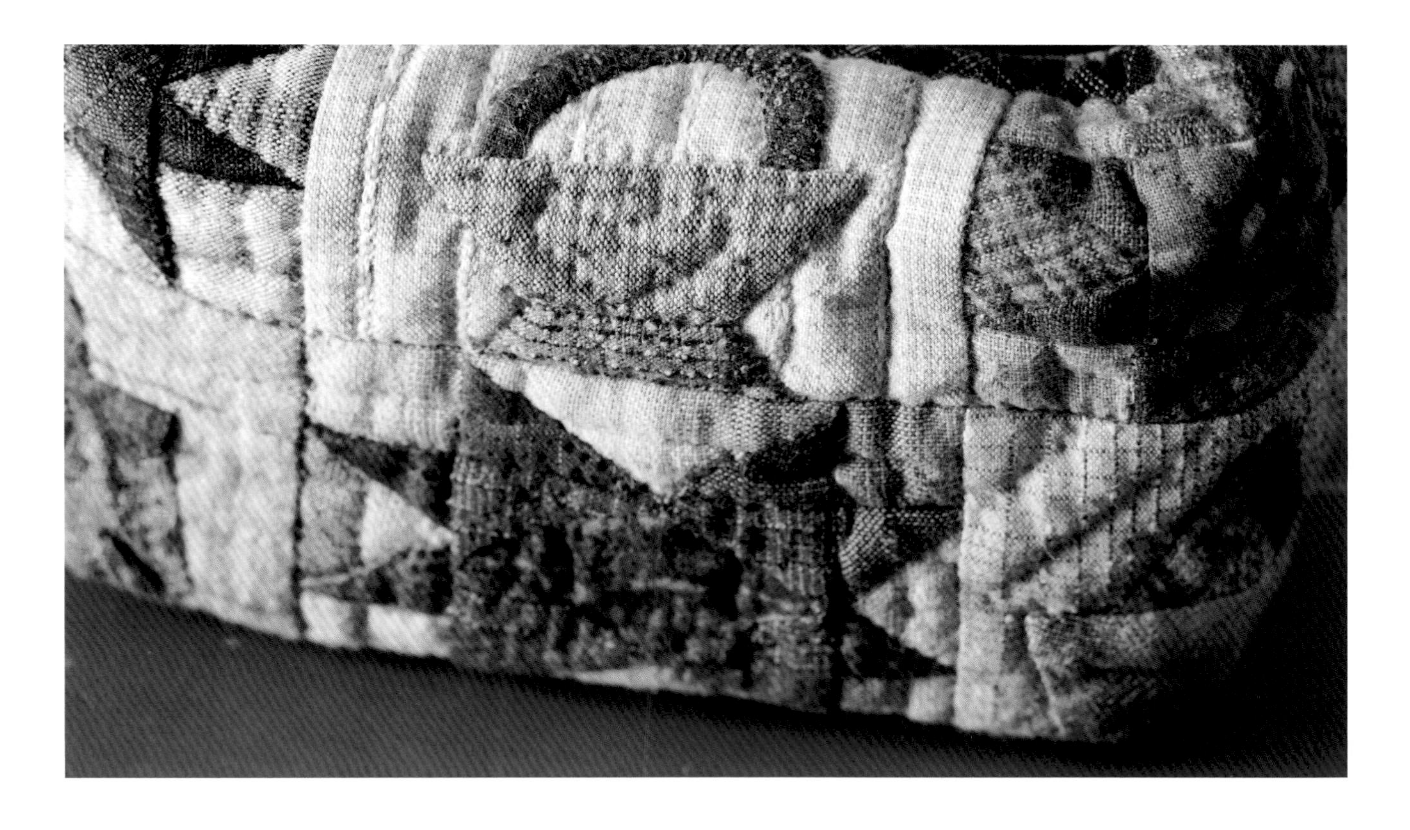

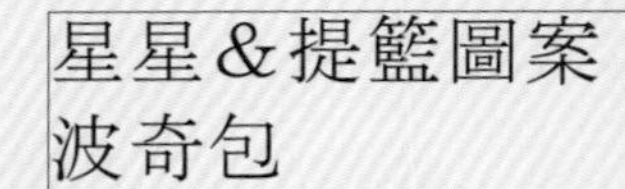

星星&提籃圖案
波奇包

星星圖案的最大魅力在於拼接圖案即能營造生動活潑感，配色不一樣就會展現出不同的樣貌。提籃圖案亦可加入花朵與水果刺繡圖案，象徵「祈求豐收」等意涵，從作品上就能深深地感覺出孕育圖案場域的歷史與文化，因此是我非常喜愛的圖案。不安裝金屬配件，打開兩端後，形狀就像一艘小船。

>> p.64

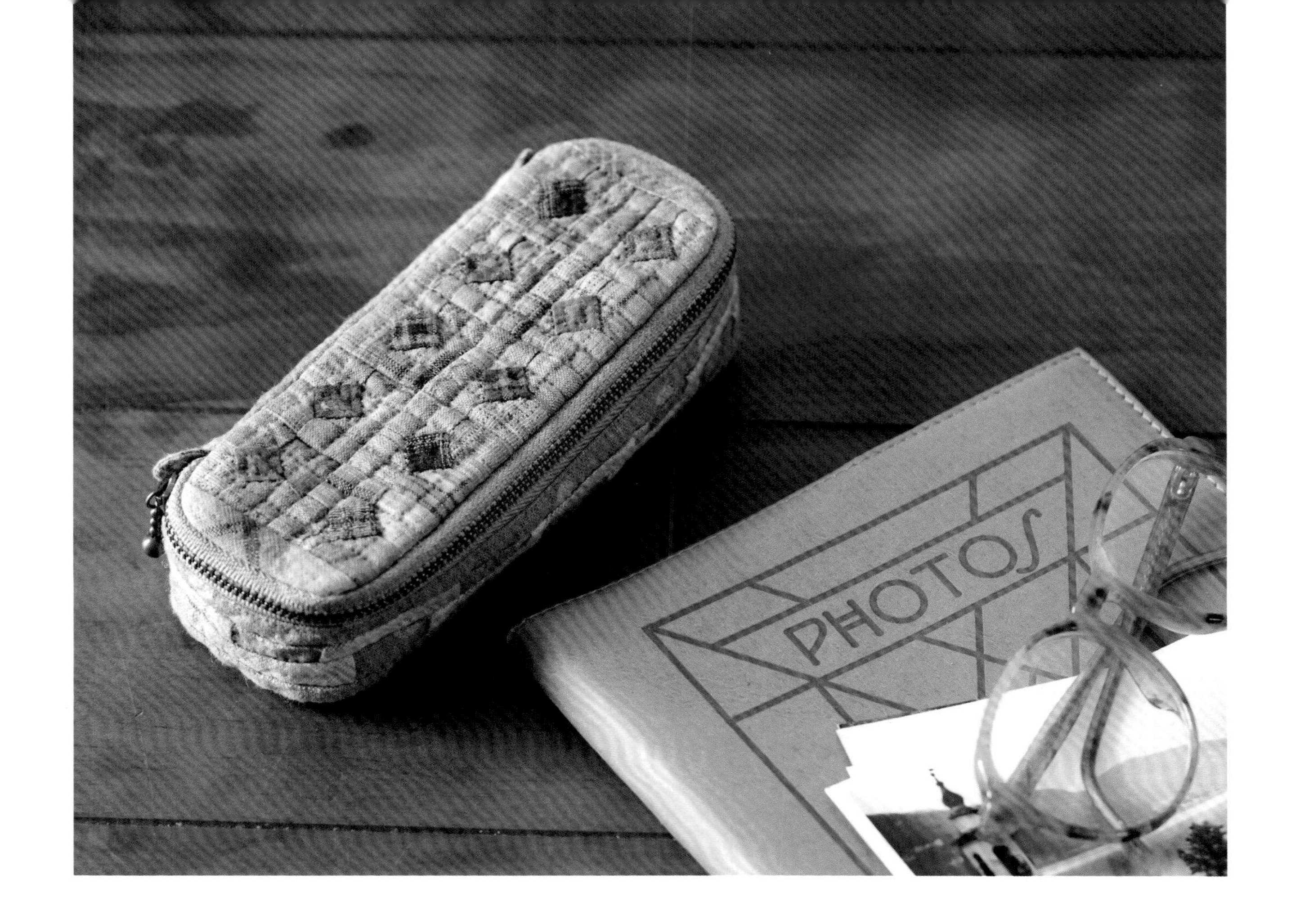

領結圖案收納盒

原本打算如同圖案名稱，使用布面浮出立體領結形狀的布料，實際製作時卻轉念，只有正中央的正方形使用深色布片，希望呈現菱形模樣，懷著這種心情完成作品。可作為眼鏡盒，也能當作鉛筆盒或化妝包使用。蓋子裡側組裝薄紗口袋。

>> p.81

房屋造型小物

模仿我最喜愛的北歐房屋造型完成的布作小物。紅色牆壁、黑色屋頂、藍色門。在瑞典達拉納地方的手工藝學校，第一次看到漂亮藍色門時的激動心情，直到現在都還深深地記在腦海中。

從屋頂背面側挖空布料，表現屋頂上覆蓋著靄靄白雪的情景。房屋裡少量多次塞入棉花，避免塞得圓鼓鼓，即可完成形狀漂亮的房屋。當作室內擺飾，賞心悅目，亦可當作針插使用。

>>p.79

小鳥造型
波奇包

以蹦蹦跳跳的小鳥為設計概念，完成小巧可愛的波奇包。小鳥背上安裝拉鍊，連結拉片與活動鉤帶子構成提把。鳥嘴與鳥腳等小部分配置鮮豔色彩，使整體顯得更凝聚有形。使用質地堅韌耐用的布料，以避免活動鉤帶子斷掉。固定尾巴時需縫合多層，因此使用薄一點的布料也OK。

>> p.61

貓頭鷹

鳥類之中，我最喜歡貓頭鷹。滿懷著喜愛的心情，將紙型修改了好幾次，連翅膀的壓縫線都很講究。裡面塞滿棉花，但還是意識著整體輪廓，希望斜斜地往下延伸的線條，能夠顯得更加優美流暢。

臉部作法最困難，張大著雙眼，豎起尖尖的耳朵，製作時，腦海中浮現住在森林裡的貓頭鷹樣貌。左右翅膀之間微微地露出尾巴的組合最漂亮。愛不釋手到想一直擺在身旁。

>> p.62

隨身針線包

組裝提把，旅行出遊使用也很方便的隨身針線包，除了組裝裡袋之外，還加了口袋，袋蓋裡側設置插針處。稍微加大袋蓋，作成房屋形狀。看起來複雜，其實作法很簡單，依序疊合各部位後縫合即完成。我的隨身針線包裡袋，裝著拼布紙型與線材，口袋裡則是擺放筆、尺、頂針。

>> p.86

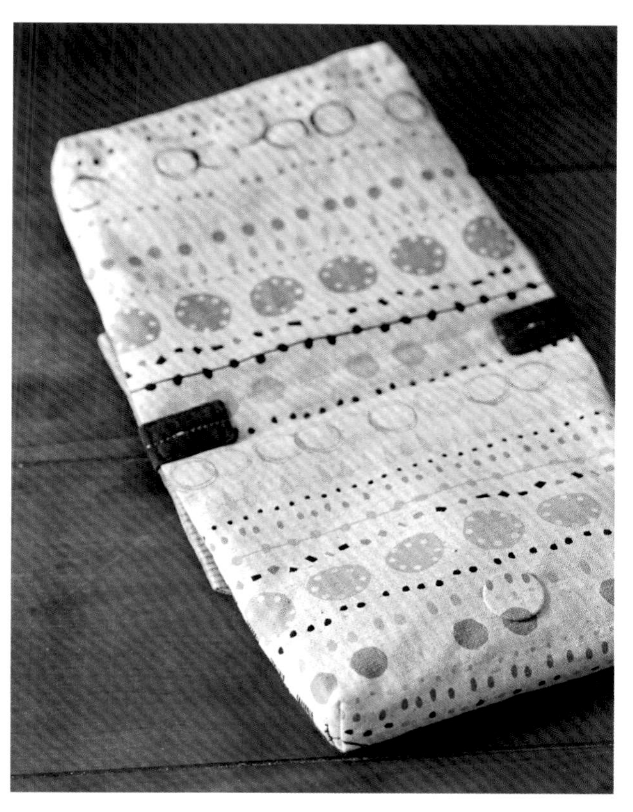

貼布縫白花圖案
收納盒

想要外形討喜，又能夠迅速地完成大小用具收納，於是動手完成的作品。本體加入塑膠板，提把黏貼接著襯，完成這件結構扎實不變形的收納盒。以裝著白花的花籃為設計構想。外形小巧，請確認尺寸，看看能不能容納想擺放的物品。

>> p.84

column 1

我的穿搭方式

工作、出遊旅行時，搭配現有衣物，我盡情地享受著穿搭樂趣。

[洋服]

完成一件洋服（洋裝等西式服裝）後，製作第二件時，速度一定大大地提升，因此建議多作幾件相同款式的洋服。挑選布料時，除了顏色、花樣等考量之外，也重視素材感，完成的洋服一定更精采。相較於布料硬挺的服飾，我更喜歡有垂墜感的服飾，因為穿起來更貼身舒適。剩下布料時，用於縫製相同花色的提袋，收在包包裡，即可享受專屬於自己的樂趣。

以長版上衣布料上的花樣製作胸針（P.10），使用包釦，背面側黏貼裁成適當大小的毛氈布，縫合後加上胸針即完成。胸針周圍以殖民結粒繡針法刺繡一整圈。

搭配同色系寬版長褲。我的身高是160cm，長版上衣約莫及膝長度，通常搭配平底鞋。

搭配白色長褲，感覺比較明亮的穿搭方式。長版上衣A-LINE剪裁又開衩，穿起來寬鬆舒適，充滿垂墜感。我喜歡配戴存在感十足的裝飾品。

刺繡雪花圖案長版背心與八分褲的組合搭配。深色穿搭將白色刺繡圖案襯托得更亮眼。

圍脖
&腕套

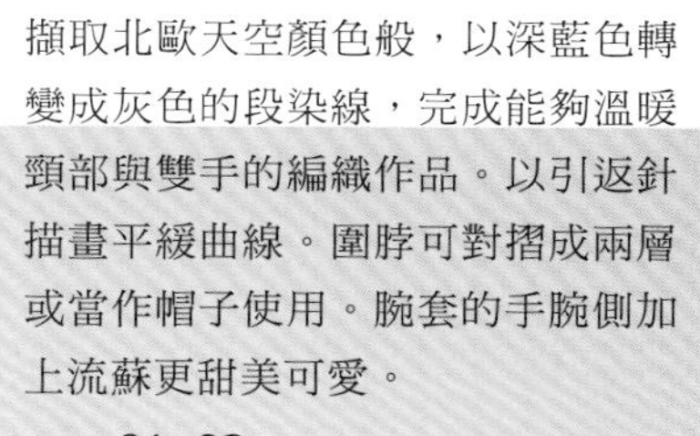

擷取北歐天空顏色般，以深藍色轉變成灰色的段染線，完成能夠溫暖頸部與雙手的編織作品。以引返針描畫平緩曲線。圍脖可對摺成兩層或當作帽子使用。腕套的手腕側加上流蘇更甜美可愛。

>> p.91·92

斗篷

瑞典的毛線工房女性經營者的編織技術一流，完成的作品樣樣精美漂亮，令我深深著迷，因此像她們一樣，以相同的織線編織長方形織片，試著接合成這件斗篷。斗篷因為完全沒有經過染色的天然羊毛，而微微地呈現出獨特斑駁的色彩變化，令我喜出望外。編織時刻意選用大於適用針號的棒針，微微地織出穿透感。可以隨自己喜好變換穿法喔！

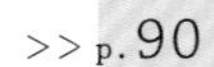
>> p.90

三角披肩

在北歐旅行時，經常看到令我愛不釋手的三角披肩。動手編織，實際使用後發現，真的是不可多得的便利小物。相較於外套，穿脫更輕鬆，披上後，臉部被襯托得更明亮，披肩圍法更是變化萬千，樂趣無窮。使用1球段染線時，先完成流蘇穗飾吧！編織本體時，不需要過於嚴格遵守織圖上記載，一直到織線完全織完也OK。三個尖角分別加上有點重量的串珠，這樣的垂墜感更好看。

>> p.94

column 2

我的穿搭方式

[針織]

我從小看著母親從事機械編織長大，因此很喜歡編織作品。二十多歲時經常埋頭編織，還將成品當作禮物送給我先生。但事實上，我並未正式學習過編織技巧，因此只會編織一些再簡單不過的作品。相較於過去，現在，織線的種類越來越多，顏色與素材也更豐富多元，看到線材就好想動手織成各式各樣的作品，儘管只會編織一些簡單的東西，不過熟能生巧，作品還是越作越漂亮。工作中找到一點小空檔，就會一針一針地慢慢完成作品。

P.10短版背心搭配白色針織衫、牛仔褲、運動鞋的休閒打扮。側身的2條袢帶與黑色裡側貼邊成了裝飾重點。

斗篷較長部位移到身體中央，宛如套上中低領套頭毛衣。隨意套上一件，搭配出來的感覺就很不一樣。

斗篷較長部位拉向身體兩側而穿出這種感覺，衣領部分成了船形領。活動身體時的下襬飄逸感，我也很喜歡。搭配了八分褲。

How to Make

- 圖中尺寸單位皆為cm。
- 「裁布圖」上標記不包含縫份的成品尺寸，相當於裁縫的「完成尺寸」、編織的「織圖」上尺寸記載。
- 除了針織作品之外，裁布時需依圖中記載預留縫份。拼布作品預留縫份通常為布片0.7cm，貼布縫0.3至0.4cm。
- 各作品的作法頁省略使用線材等用具相關記載。請參照P.46至P.48，配合作品，準備必要線材。
- 書中介紹的包包、波奇包皆以車縫方式縫合，採用手縫時，請以全回針縫方式進行縫合。手縫方式與基本針法請參照附錄紙型A面。
- 拼布作品的完成尺寸可能因進行車縫壓線而略小於記載尺寸。以手縫方式完成的作品尺寸，則會因為縫製者的力道輕重、布料種類等而不同。
- 除了較大部位、斜布條等部分用布之外，圖中不會表記布紋線。裁剪花布時請配合布面圖案，裁剪零碼布片時則請選擇比較容易裁剪的布紋。

縫製作品前

洋服＆布包／基本知識

關於尺寸

本書中介紹的洋服皆為M、L尺寸。參照下表，洋裝、長版上衣、背心依胸圍，褲子依臀圍尺寸縫製。各作品的作法頁皆記載著完成尺寸，請一併作為參考。此外，希望依喜好調節衣長時，必須與下襬線平行移動調節長度。參考手邊現有衣服的胸圍或衣長等尺寸，更容易掌握尺寸感。

必備工具

請依以下記載，準備一般裁縫工具。
包括紙型用紙（牛皮紙等可清楚看到底下線條的紙張）、直尺、鉛筆、手藝用雙面複寫紙、點線器、布用記號筆、裁布剪刀（裁布用大剪刀）、裁紙剪刀、小剪刀、珠針、手縫針、頂針、熨斗、燙衣台、縫紉機等（請參照P.48圖）。此外，有時候需要配合作品，使用穿帶器或錐子等工具。

尺寸對照表

尺寸	M	L
胸圍	80～85	86～90
臀圍	86～92	93～98
身高	160	

※書中模特兒身高167cm，穿著M尺寸。

關於紙型

①利用原寸紙型，製作縫製作品的紙型。
②對照作法頁標記的「使用紙型」，確認構成作品的各部位，透過原寸紙型，分別描畫（使用鉛筆或自動鉛筆等更便利）到紙上。描畫直線或曲線皆使用直尺。使用長20cm等短版直尺更方便描畫曲線。同時描畫布紋線與合印記號，別忘記喔！
③描畫各部位後，參照「裁布圖」，分別依指定預留縫份，製作包含縫份的紙型，分別剪下紙型。縫份線與完成線需平行描畫（右圖）。
④參照「裁布圖」，將包含縫份的紙型配置在布料上，確實依照紙型，進行裁布。對摺裁布時，則背面相對摺疊後裁剪。
⑤在布料上描畫完成線記號時，背面相對的兩塊布料之間，夾入手藝用雙面複寫紙，再以點線器描畫完成線。合印記號也別忘記喔！

紙型種類

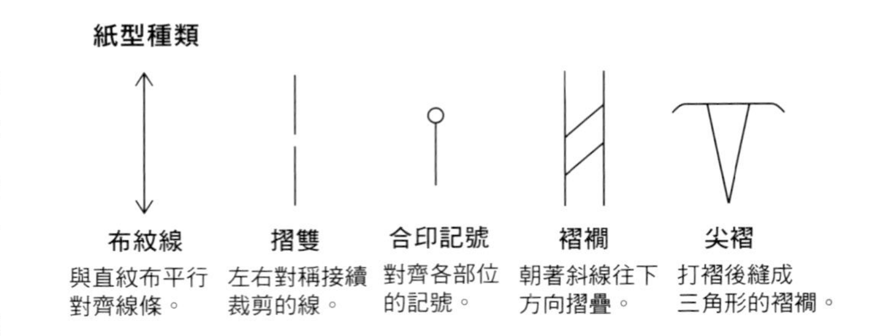

包含縫份的紙型作法

摺雙
依照尺寸記載平行描畫縫份

關於針＆線

依據布料厚度，使用不同號數的針與線。
決定縫製作品的布料後，請參照下表，準備針與線。
除了想展現針目效果之外，建議挑選近似布料顏色的線。
建議布料與線能夠同時購買。

布料種類	車縫針	車縫線
薄布料　細棉布・薄紗等	9號	90號
一般布料　丹格瑞布・牛津布等	11號	60號
厚布料　丹寧布・毛料等	11號 或14號	60號 或30號

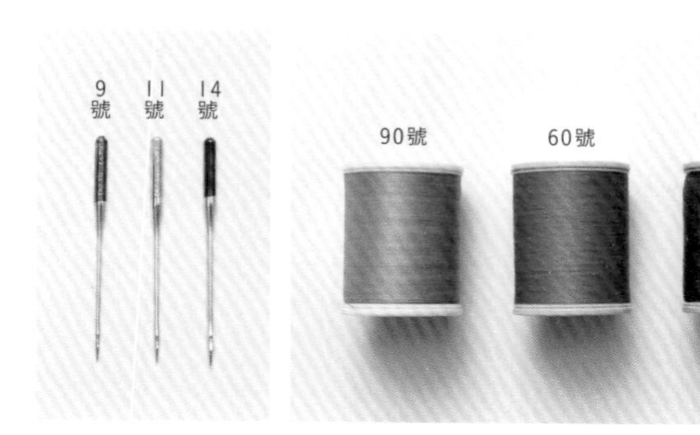

關於車縫

・車縫前先檢查車縫線情況。務必實際地利用縫製作品的布料進行試車縫。
・車縫起點與終點進行回針縫，以避免車縫針目後出現綻線情形。

・作完成線記號的步驟予以省略，以指定縫份寬度進行車縫時，運用針板上刻度或定規器。縫份大小因縫製部位而不同，車縫時需留意縫份寬度，千萬不能弄錯。不論縫紉機的機種，只要是設有金屬製針板的縫紉機，皆可使用磁鐵式定規器。

回針縫方法

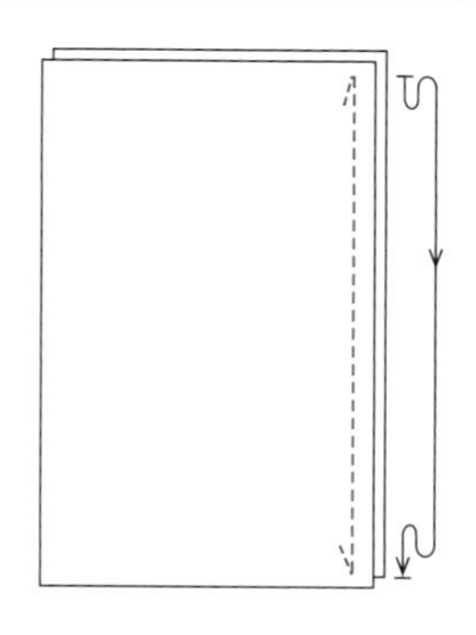

針板上刻度

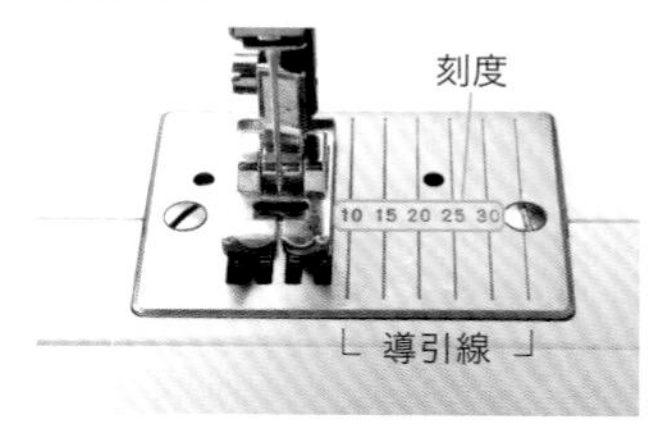

將布端對齊針板上的刻度後進行車縫。

定規器

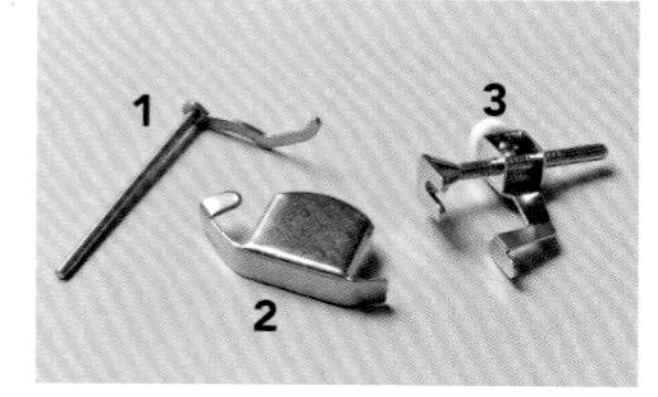

圖中**1**・**3**為安裝在縫紉機針棒上使用的定規器。**2**為磁鐵式定規器。

接著襯黏貼法

接著面朝著背面，將接著襯疊合於黏貼部位，隔著墊紙或墊布，熨斗由邊端開始進行壓燙以促使黏合。
接著面形成空隙時，接著襯就會從該處剝離，因此，熨斗必須由邊端開始，完全不留空隙地進行壓燙。壓燙後需平放至完全冷卻為止，以避免接著襯剝離。

熨斗壓燙方法

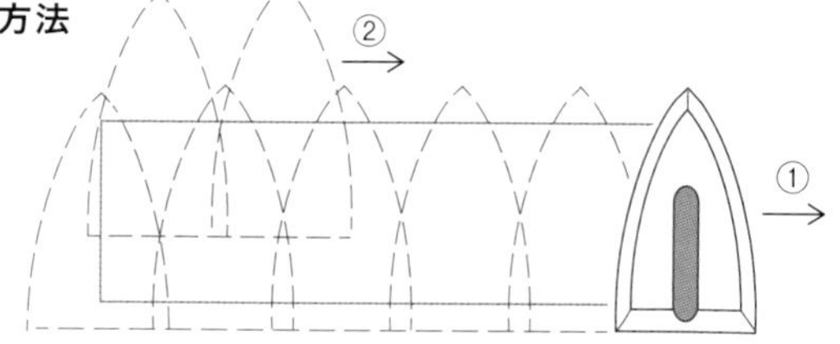

接著面朝著布片背面疊放接著襯後，
由邊端開始，一邊移動熨斗，
一邊平均施加壓力。

拼布／必備工具

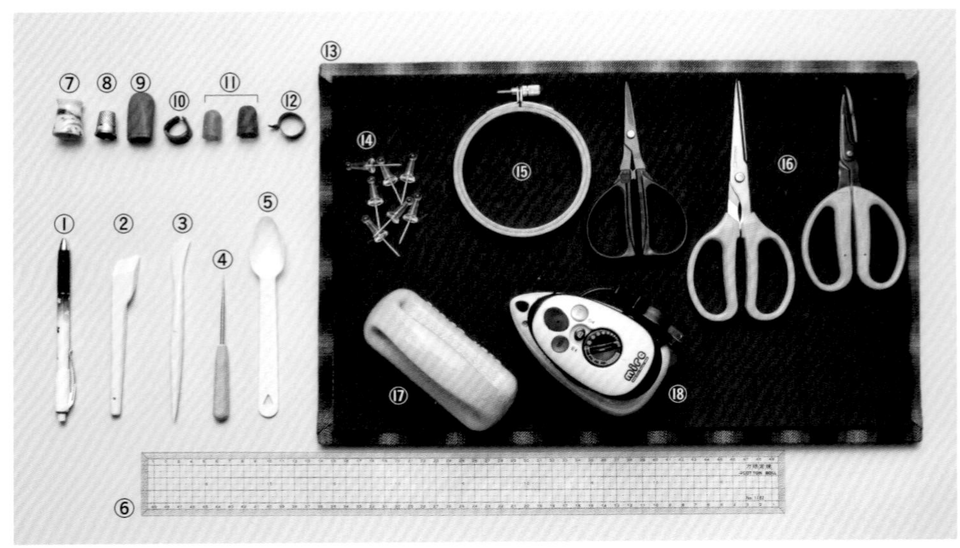

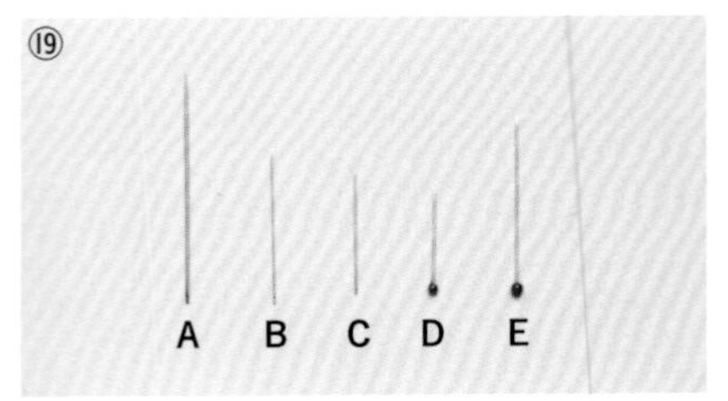

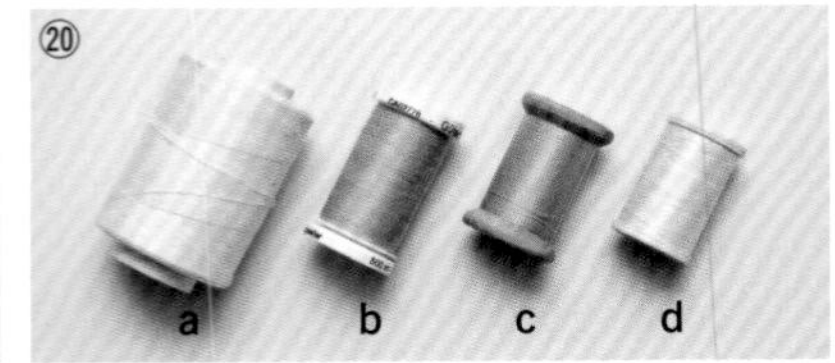

①布用記號筆
描繪布片或貼布縫圖案，或描畫壓縫線時使用。

②直線用骨筆　③曲線用骨筆
處理縫份倒向後整理時使用。可取代熨斗的便利工具。

④尖錐（一般錐子）
包覆重疊好幾層的厚厚縫份，或整理袋子的邊角時使用。

⑤湯匙
疏縫時使用。使用質地柔軟的嬰兒奶粉計量匙更方便。

⑥直尺
描繪布片、描畫壓縫線時使用。使用印有方格的直尺更便利。

⑦陶瓷　⑧金屬　⑨皮革頂針
進行壓線時保護手指的工具。陶瓷頂針戴在左手食指，金屬頂針戴在右手中指，皮革頂針則套在金屬頂針上使用（慣用右手的人）。

⑩指環式頂針
手縫時套在慣用手中指上使用。

⑪橡膠指套
具止滑作用，進行壓線或貼布縫時方便拔針。套在食指上使用。

⑫切線用指環
套在承接手的拇指上，可一邊作業一邊剪線。

⑬拼布板
分為粗糙面與軟面，粗糙面於布料作記號時使用，軟面則於運用直線用骨筆、曲線用骨筆時使用。背面的軟布側亦可當作燙墊使用。

⑭圖釘
疊合裡布、鋪棉、表布，進行三層疏縫時使用。使用針腳較長的圖釘更便利。

⑮繡框
刺繡時使用。直徑較小的繡框使用較方便。

⑯剪刀
（左起）線剪・布剪・紙剪、鋪棉用剪刀，準備3種，區分使用，不受損，比較耐用。

⑰布鎮
進行壓線時，用於固定布料。

⑱熨斗

⑲針
A 疏縫針　進行疏縫時使用。
B 手縫針　手縫作業中使用。
C 壓線針　壓線的必要工具。
D 短珠針　針腳較短，針頭較小，貼布縫時使用最方便。
E 一般珠針

⑳線
a 疏縫線　進行疏縫時使用。
b 車縫線（50號・60號）縫製包包或小物時使用。
c 手縫線　拼布、貼布縫等手縫作業中使用。
d 壓縫用線　進行壓線時使用。

其他工具：鉛筆・厚紙（紙型用）・描圖紙（描繪圖案）・燈桌（描繪圖案）・木板（疏縫用）・縫紉機等。

球形包

〔 完成尺寸 〕

寬30cm　高21cm　袋底寬15cm

＊紙型　D面

＊為了更清楚地解說，作法圖中使用不同於實作品顏色的布料與線。

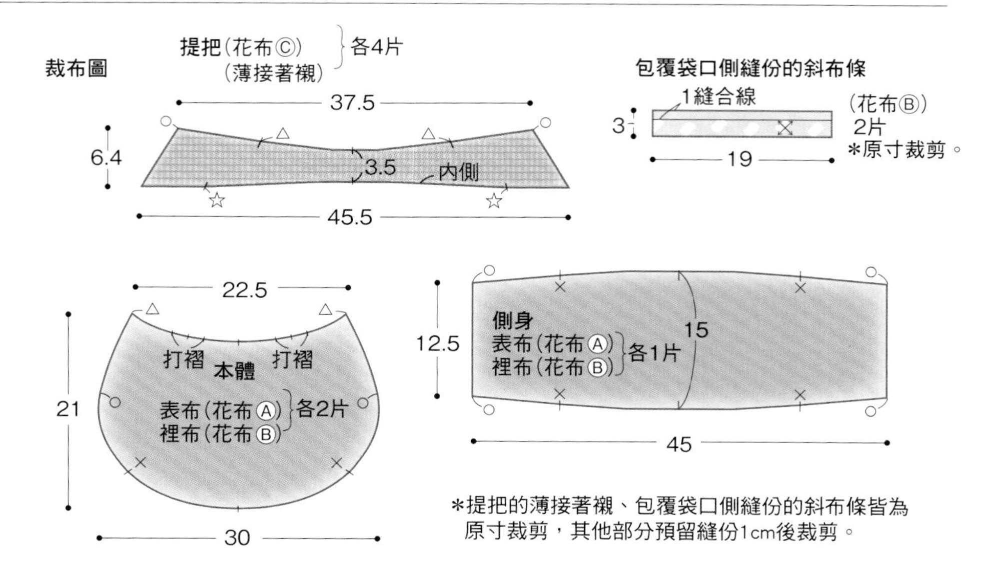

＊提把的薄接著襯、包覆袋口側縫份的斜布條皆為原寸裁剪，其他部分預留縫份1cm後裁剪。

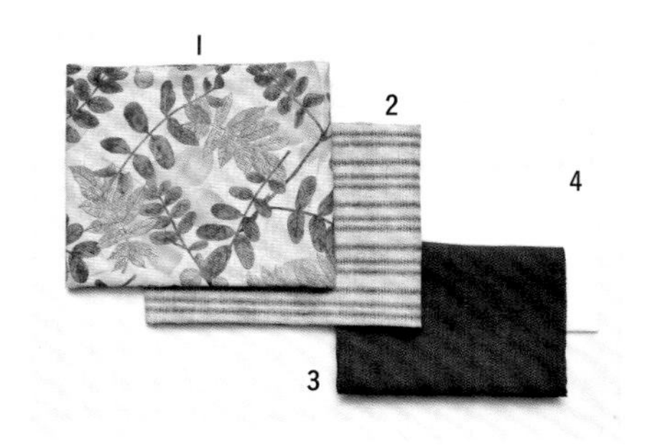

［ 材料 ］

1 棉布

花布Ⓐ…50×55cm
（本體表布・側身表布）

2 棉布

花布Ⓑ…50×65cm
（本體裡布・側身裡布・包覆袋口側縫份的斜布條）

3 麻布

花布Ⓒ…寬110cm　20cm（提把）

4 薄接著襯　50×30cm

① 裁剪各部位。

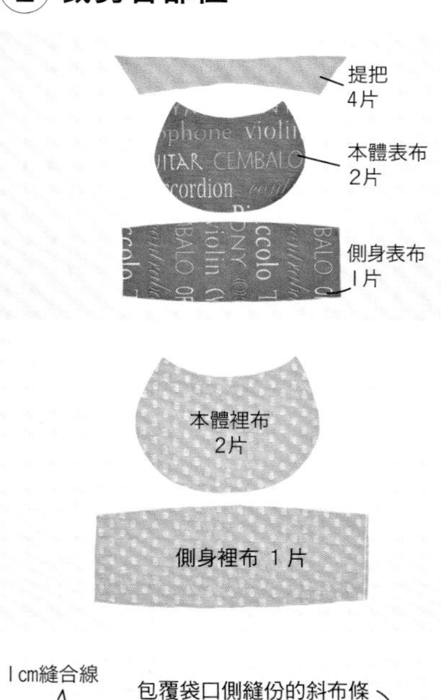

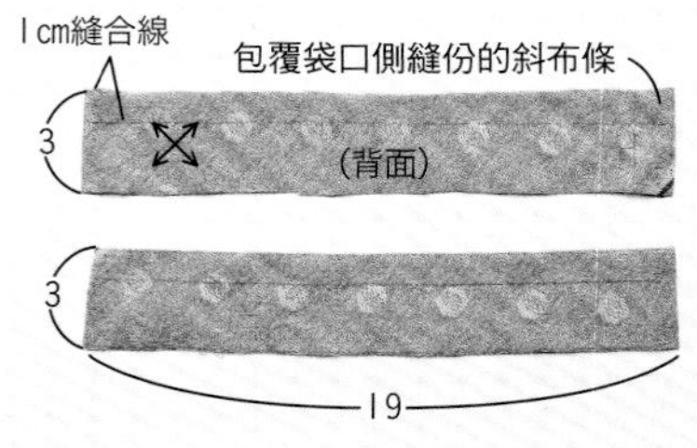

使用原寸紙型，製作本體、側身、提把的紙型。布片背面分別疊放紙型，描畫完成線與合印記號。依裁布圖預留縫份後裁剪。包覆袋口側縫份的斜布條（2片）參照裁布圖，直接裁布後，描畫縫合線。

② 縫合本體與側身，完成袋身。

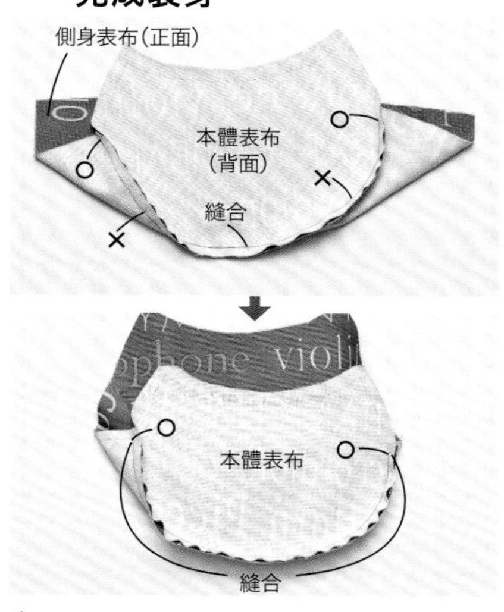

1　本體表布與側身表布正面相對疊合，對齊合印記號，以珠針固定。沿著脇邊的合印記號車縫（由○至○）。另一側以相同作法完成。

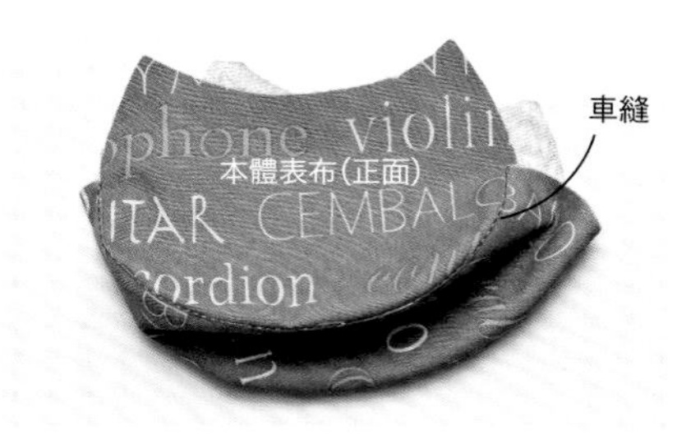

2　翻回正面，以熨斗壓燙，縫份倒向側身。沿著縫合針目，在側身進行縫份摺邊壓線，完成袋身。

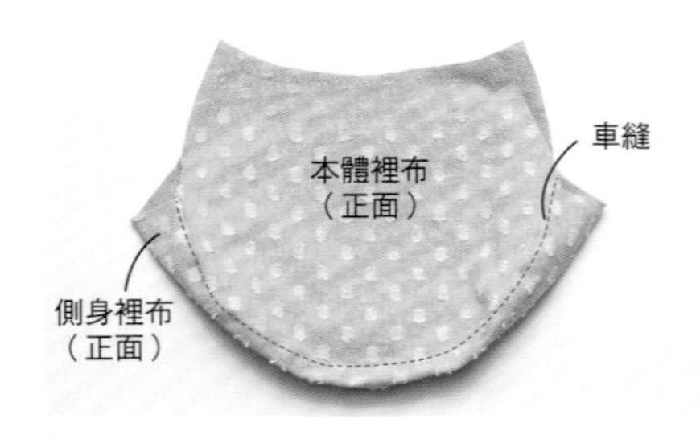

3 本體裡布與側身裡布也以步驟**1**至**2**要領縫合。完成裡袋。

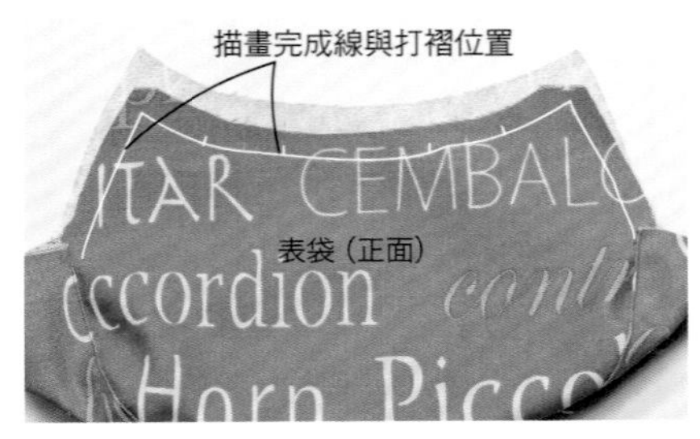

4 表袋上疊放紙型，描畫脇邊與袋口側的完成線與打褶位置。

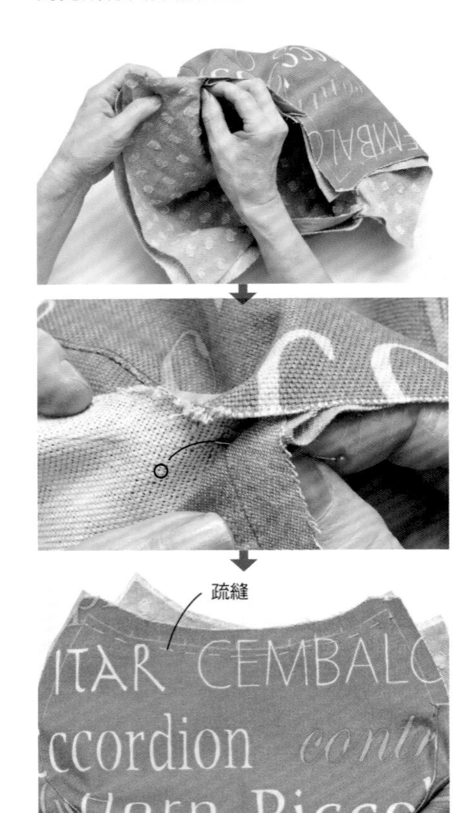

5 背面相對，將裡袋放入表袋，對齊脇邊的合印記號（○），以珠針固定。疊合表袋與裡袋的袋口側，在完成線下側進行疏縫。

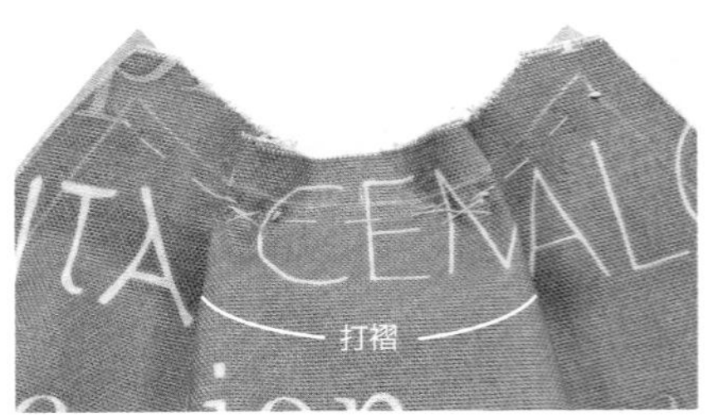

6 打褶後，暫時固定完成線下側。另一側以相同作法完成。

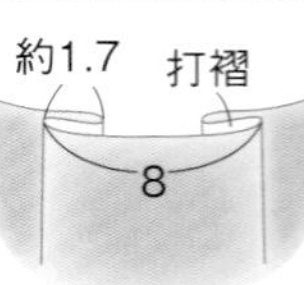

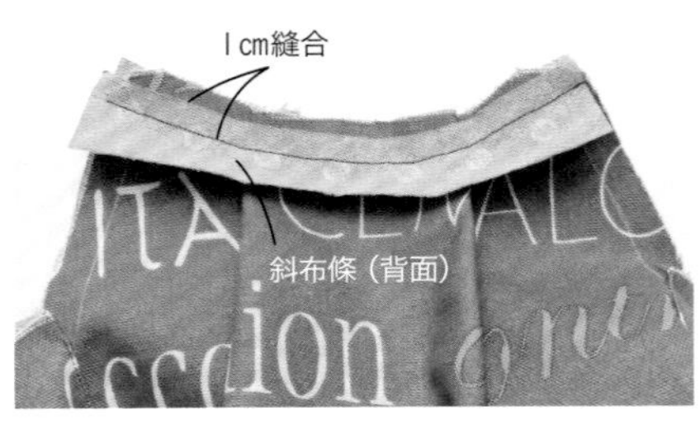

7 處理縫份。正面相對，將斜布條對齊袋口側，接著對齊斜布條的縫合線與本體的完成線，以珠針固定。由邊端縫至邊端。

8 本體袋口側有多餘縫份時，對齊斜布條邊端，進行修剪。本體縫份剪牙口（斜布條不剪）。

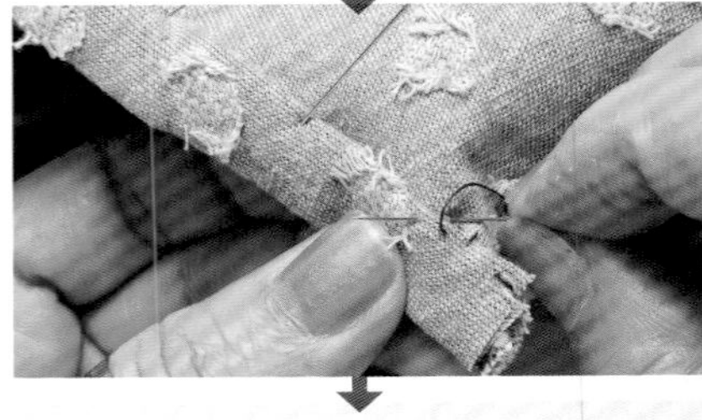

9 以斜布條包覆縫份，褶山盡量靠近縫合針目邊緣，摺成三褶。以珠針固定，固定後以立針縫進行縫合。另一側的袋口側縫份以相同作法完成。

10 由正面完成5道車縫壓線。完成袋身。

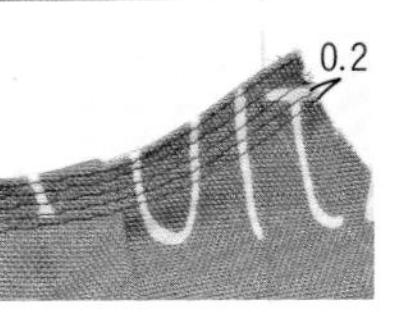

③ 組裝提把。

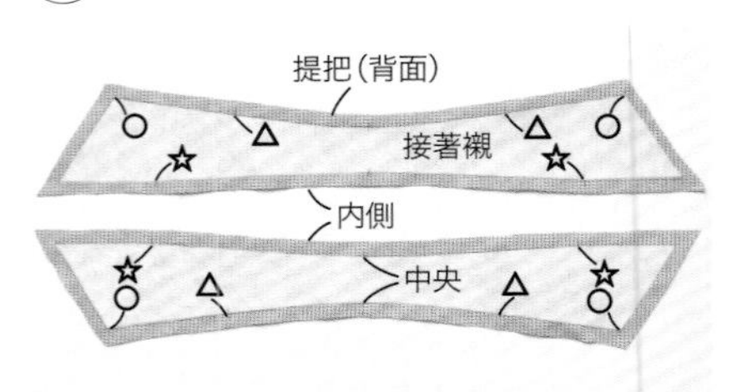

1 提把背面燙黏薄接著襯。4片以相同作法完成。

2 步驟1的兩片提把正面相對疊合，由兩邊端的記號，縫至合印記號（☆）為止。剩下的2片提把以相同作法縫製。

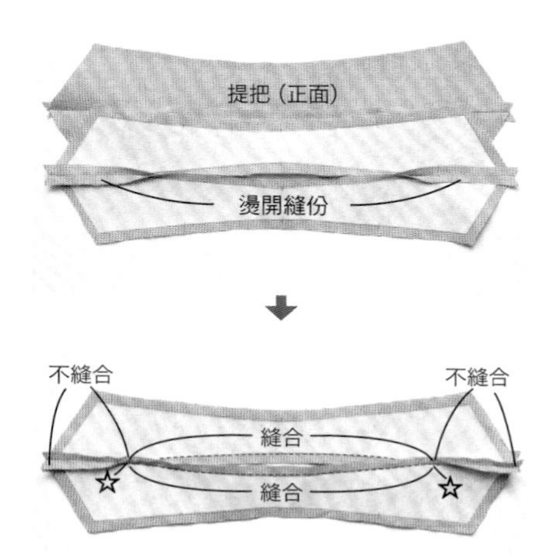

3 打開步驟2，燙開縫份。2片提把正面相對疊合，避開縫份，分別縫合內側的合印記號（☆至☆為止）。

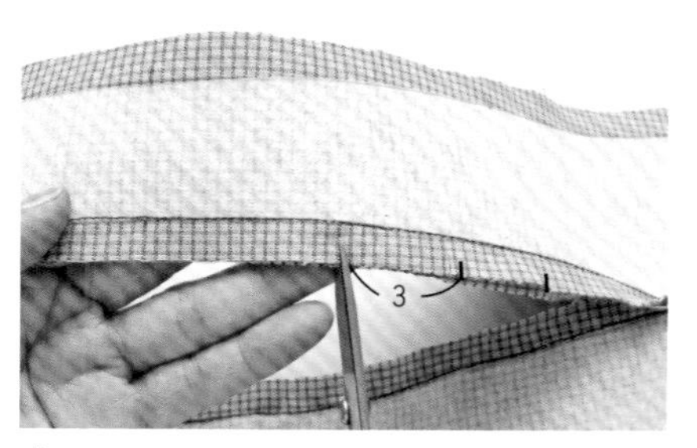

4 步驟3縫合內側縫份後，間隔3cm，剪上淺淺的牙口。

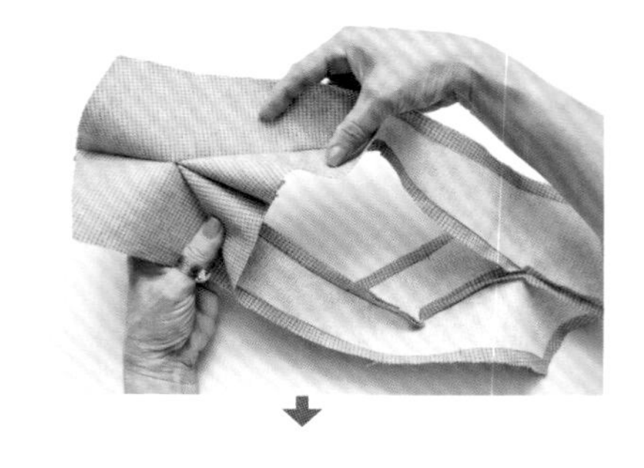

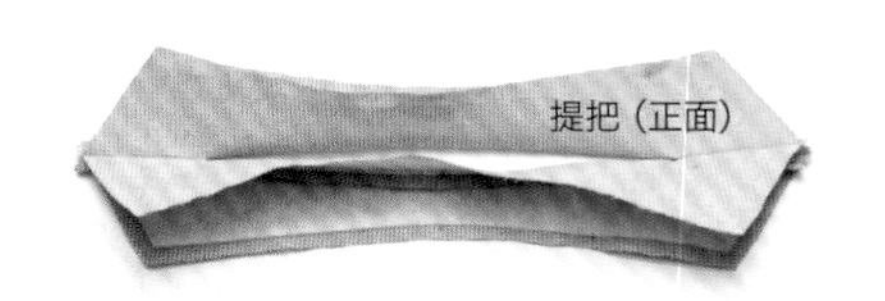

5 由內側翻回正面，調整形狀。

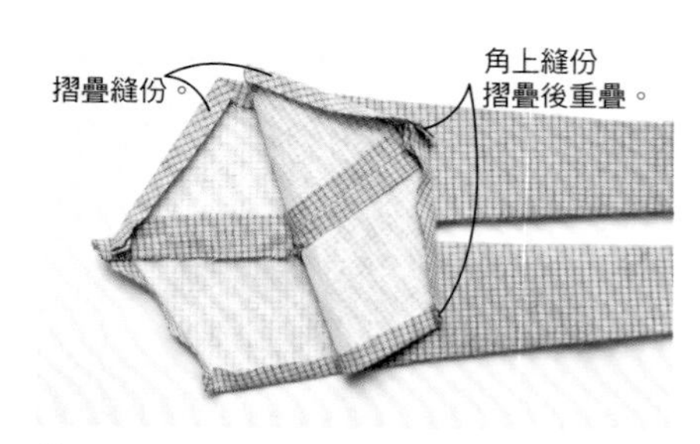

6 周圍縫份朝著背面摺疊1cm，以熨斗壓燙整理。參照紙型，加上合印記號（△）。

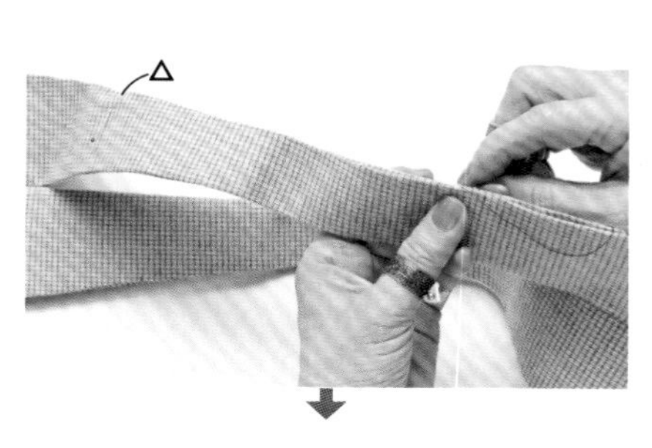

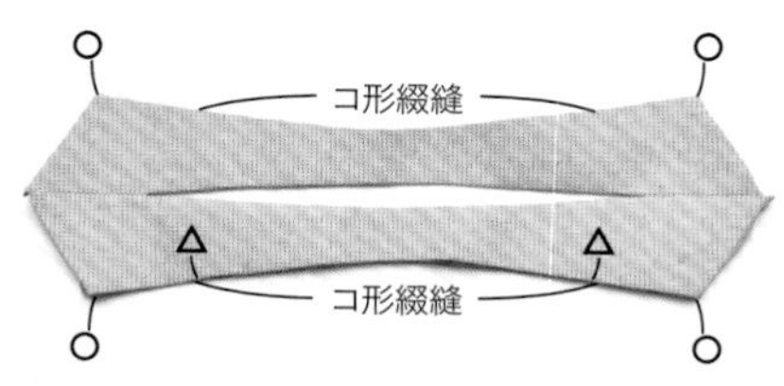

7 合印記號以コ形綴縫進行縫合（△至△為止）。另一側以相同作法縫合。

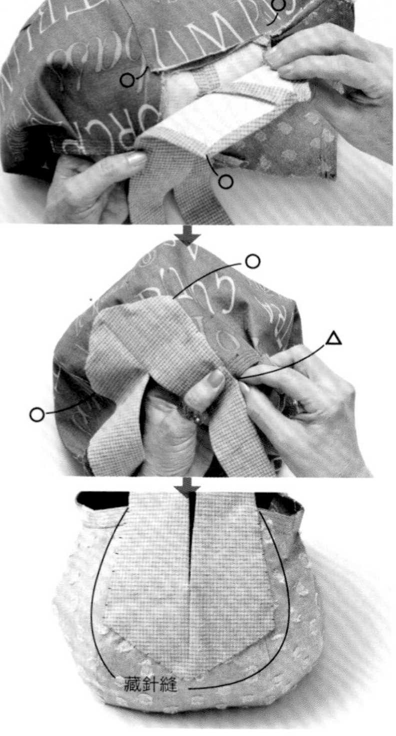

8 以提把邊端夾住袋身與側身，對齊合印記號（△），以珠針固定。接著在合印記號（○）、提把的尖角與側身中央別上珠針，最後在兩者間密密地別上珠針進行固定。周圍進行粗針縫以取代疏縫。裡袋側以相同作法完成。

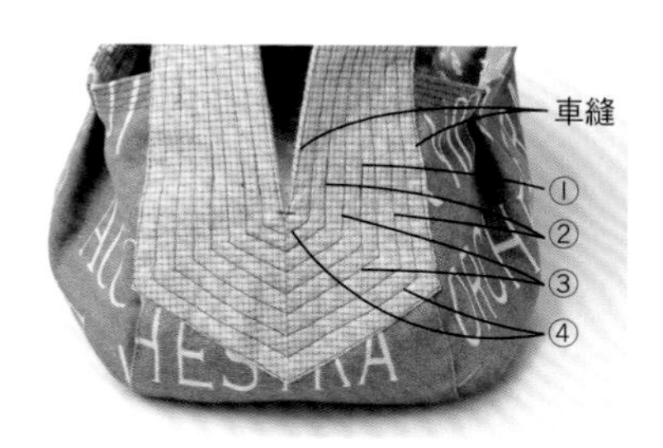

9 翻回正面，先依序進行提把外側、內側的縫份摺邊壓線，接著依圖中①至④順序進行壓線。拆掉粗針縫的縫線。

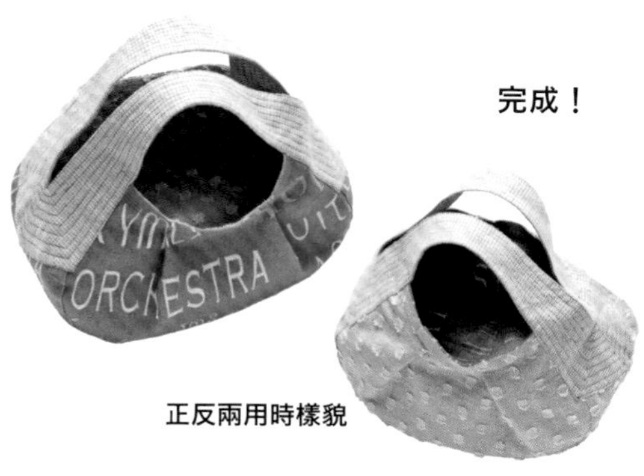

正反兩用時樣貌

洋梨包

[完成尺寸]

寬28cm　高38cm（不包含提把部分）

＊紙型　D面

＊為了更清楚地解說，作法圖中使用不同於作品顏色的布料與線。

[材料]

毛料

花布Ⓐ…80×40cm（本體表布）

棉布

花布Ⓑ…寬110cm　40cm（本體裡布・裡口袋・釦絆・磁釦布）

花布Ⓒ…寬2.5cm斜布條 90cm（包邊繩）

麻質織帶

深灰色…寬3cm　44cm

蠟繩（中）…長85cm

磁釦（極小）…直徑1cm　1組

2片薄磁釦緊密貼合狀態。相同極面彼此接觸時，就會出現相斥現象，安裝時需留意。

縫製要點

・使用布邊易綻開的布料時，預留縫份1.5cm後裁剪，縫合後再整齊修剪成1cm即可。

・包邊繩尺寸為大致基準，可能因本體所使用的布料厚度或種類而不同，因此，必須先縫好尖褶，測量本體包邊繩固定位置的尺寸後算出。

・磁釦布與釦絆分別放入1片磁釦。

裁布圖

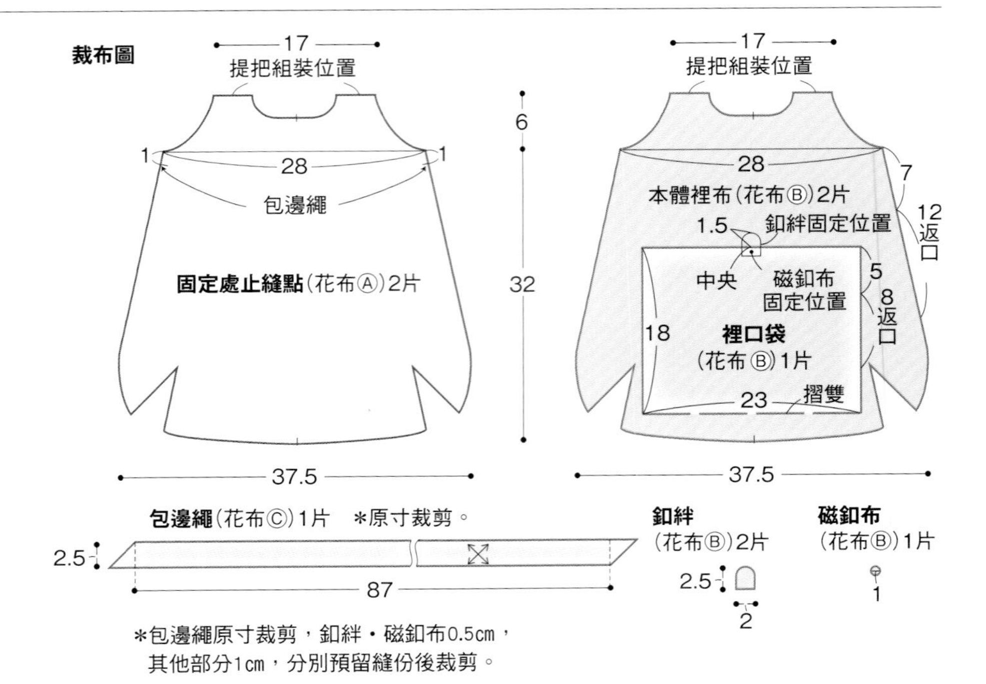

＊包邊繩原寸裁剪，釦絆・磁釦布0.5cm，其他部分1cm，分別預留縫份後裁剪。

① 裁剪各部位。

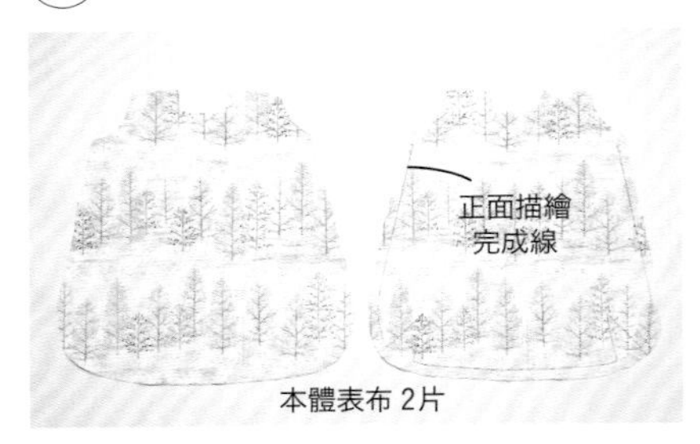

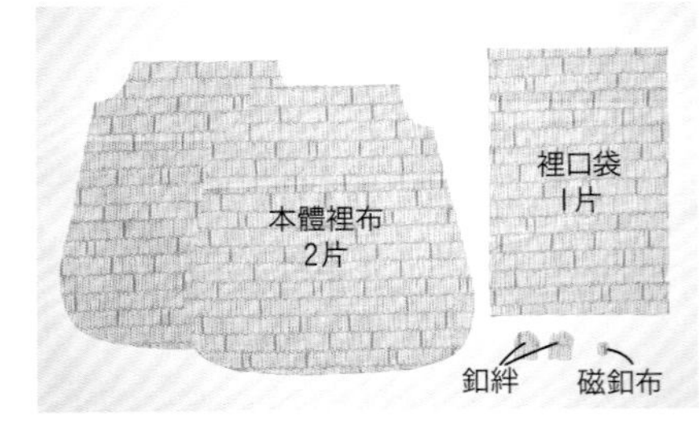

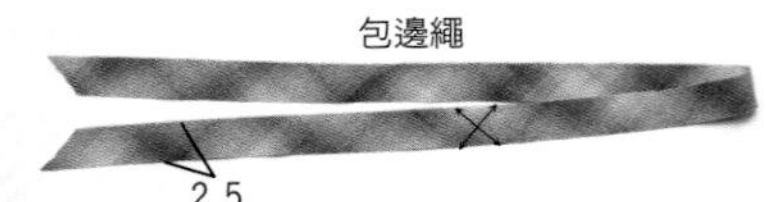

參照原寸紙型，製作本體、裡口袋、釦絆、磁釦布的紙型。各布片背面分別疊放紙型，描繪完成線與合印記號，預留縫份後裁剪。包邊繩參照裁布圖裁剪。前側的本體表布正面，描繪固定包邊繩的完成線。

② 製作本體表布

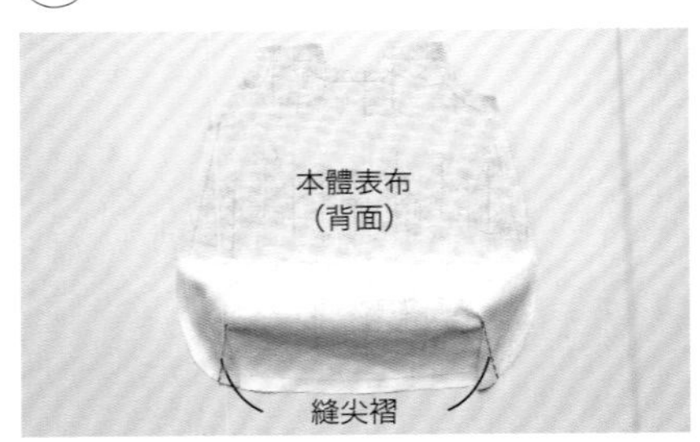

1　縫尖褶，縫份倒向內側。

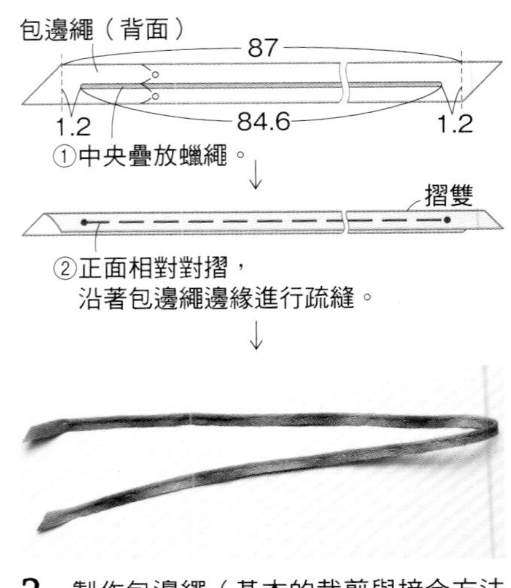

2　製作包邊繩（基本的裁剪與接合方法請參照P.54）。

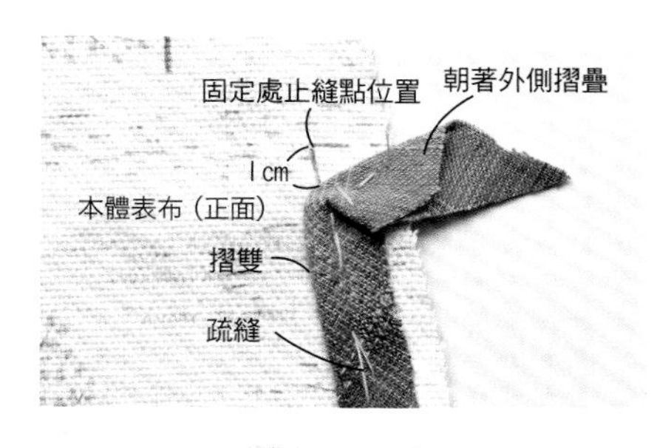

3 包邊繩端部（未加蠟繩部分）朝著外側摺疊後，疊合於1片本體表布的包邊繩固定處止縫點下方1cm處，一邊沿著完成線，一邊以珠針固定。另一側以相同作法完成後，進行疏縫固定。

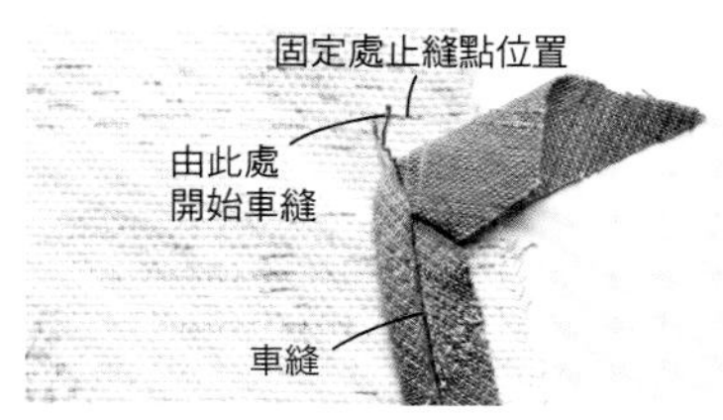

4 使用車縫拉鍊的壓布腳，由本體的包邊繩固定處止縫點開始，縫至另一側的止縫點。拆掉疏縫線。

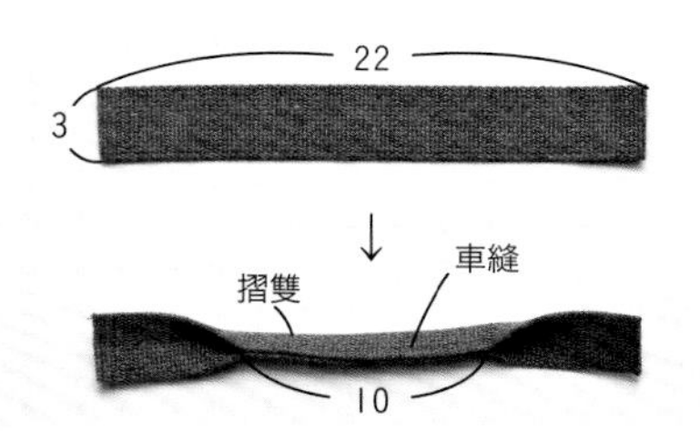

5 製作提把。準備2條長22cm的麻質織帶。由織帶中央對摺，縫合邊端10cm。2條以相同作法完成。

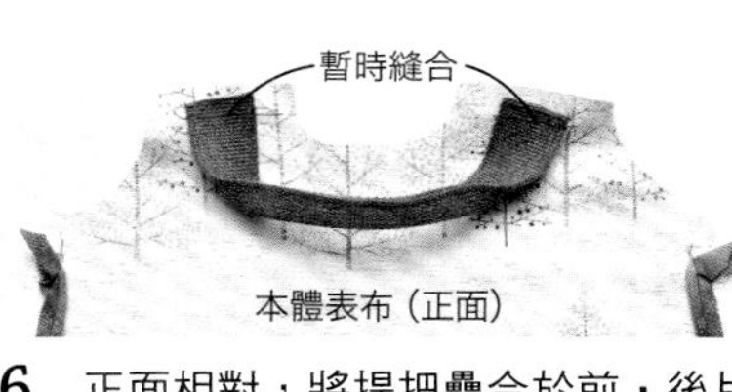

6 正面相對，將提把疊合於前・後片表布的正面，在完成線外側進行疏縫。以車縫方式暫時固定。

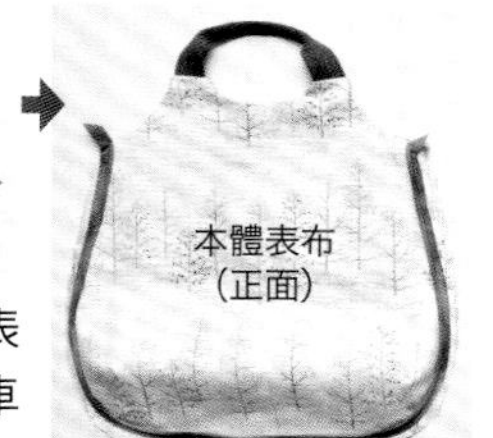

提把翻回
正面後樣貌。

③ 本體裡布 組裝裡口袋。

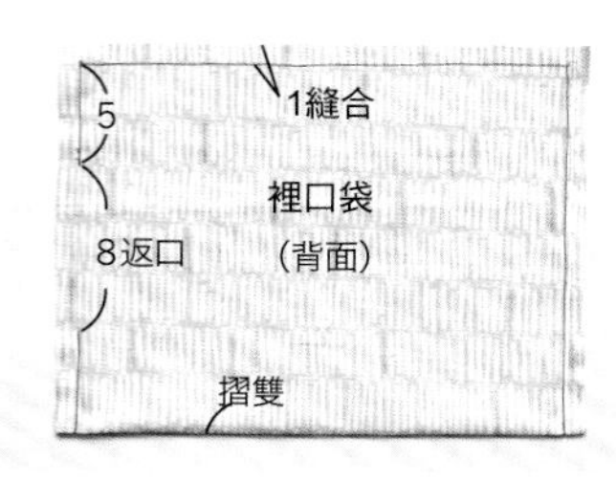

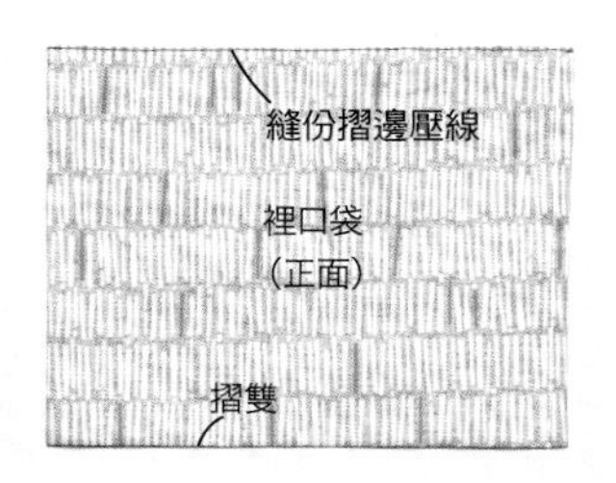

1 正面相對對摺裡口袋，預留返口，縫合3邊。翻回正面，以熨斗壓燙整理，袋口側進行縫份摺邊壓線。

2 製作釦絆。2片正面相對疊合，預留返口，由記號縫至記號。

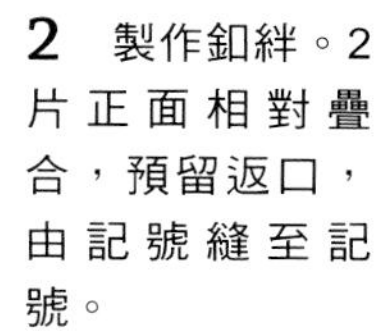

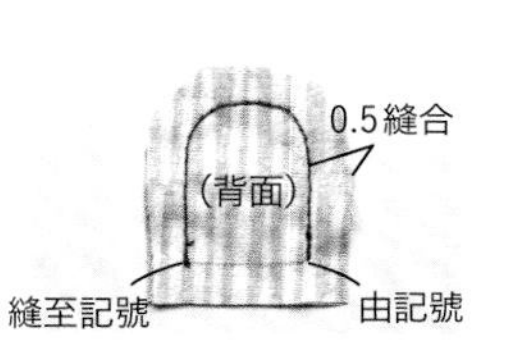

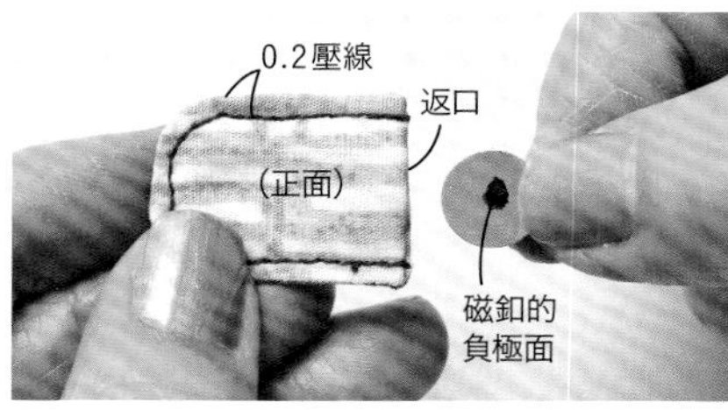

3 由返口翻回正面，縫份摺入內側。預留返口，在內側0.2cm處進行壓線。放入磁釦，返口進行コ形綴縫。

＊磁釦的相同極面彼此接觸會出現相斥現象，事先在貼合的2片磁釦外側（負極面）作記號，就更容易分辨。

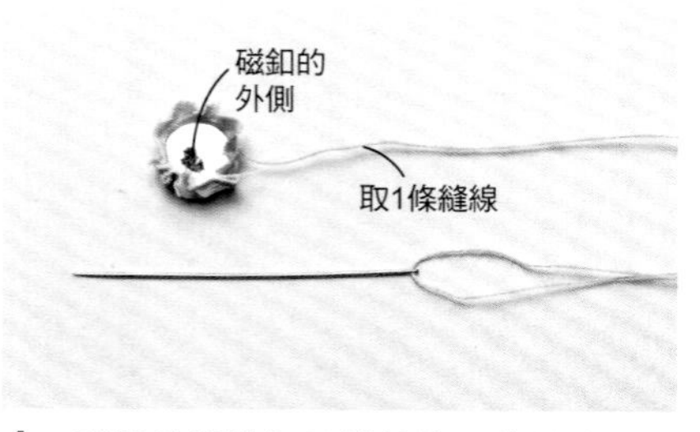

4 磁釦縫份進行平針縫後，將縫線穿向正面側。放入另1片磁釦，拉緊縫線後打結。

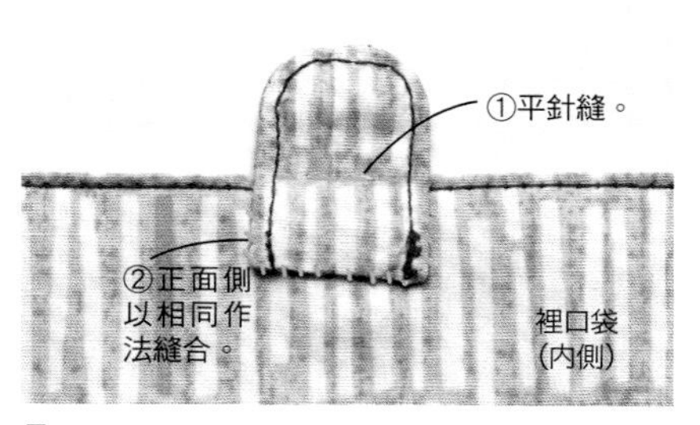

5 返口上方1cm處進行平針縫，確實固定磁釦（①）。將釦絆疊合於裡口袋的內側，進行藏針縫，避免外側看到針目（②）。接合口袋口部分（①背面側），也從外側進行藏針縫。

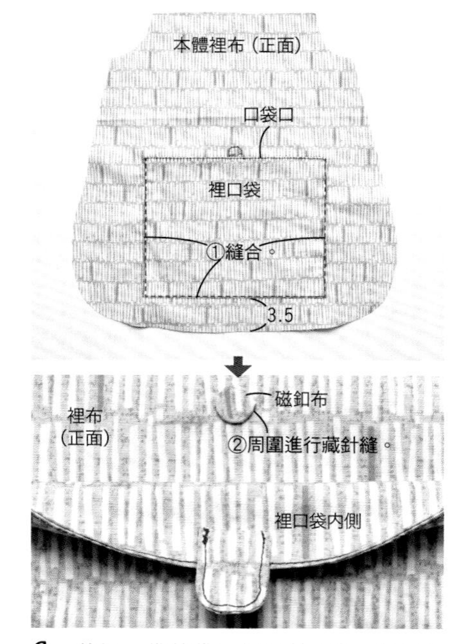

6 將裡口袋的袋口側以外3邊，縫在本體裡布上（①）。參照紙型，將磁釦布疊合於裡布上，確認磁釦布與釦絆的位置確實吻合後，縫合周圍（②）。縫2片本體裡布袋底的尖褶。

③ 完成袋身。

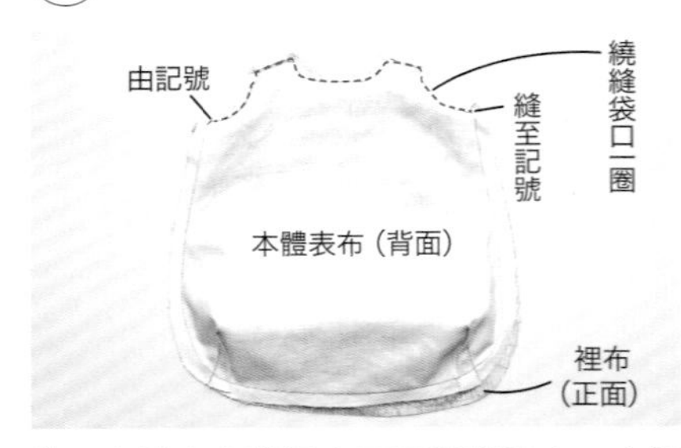

1 本體表布與裡布正面相對疊合，由記號至記號，繞縫袋口一圈。另一片本體表布與裡布以相同作法完成。

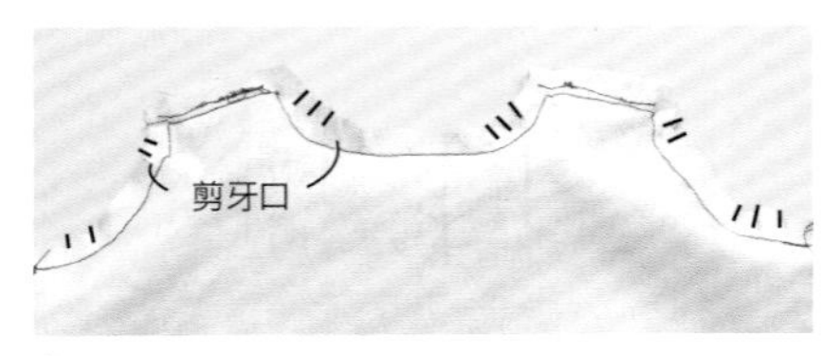

2 提把組裝位置的脇邊縫份曲線較彎曲的部分，剪牙口2至3處。另一片以相同作法完成。

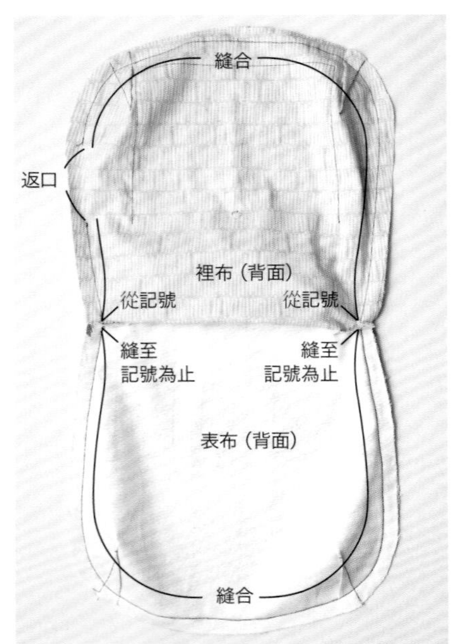

3 打開步驟 **2**，本體表布與表布，裡布與裡布，分別正面相對，由開口止縫點記號開始，縫合至記號為止。

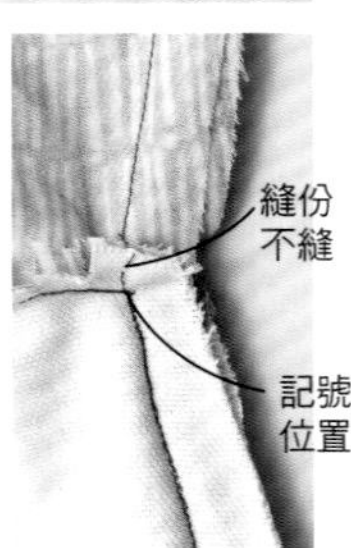

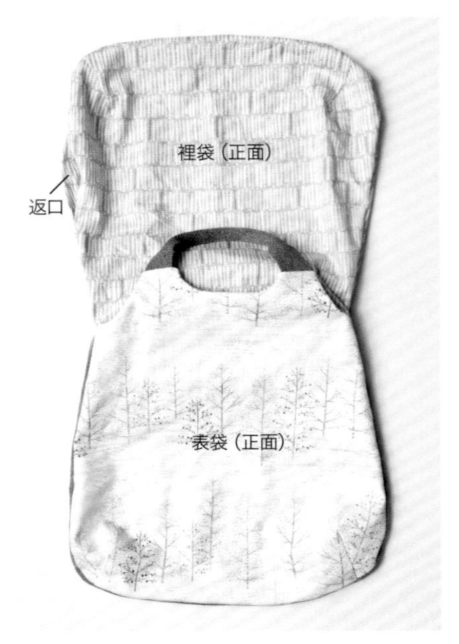

4 由返口翻回正面，調整形狀。返口縫份摺入內側，進行ㄈ形繚縫。完成表袋與裡袋。

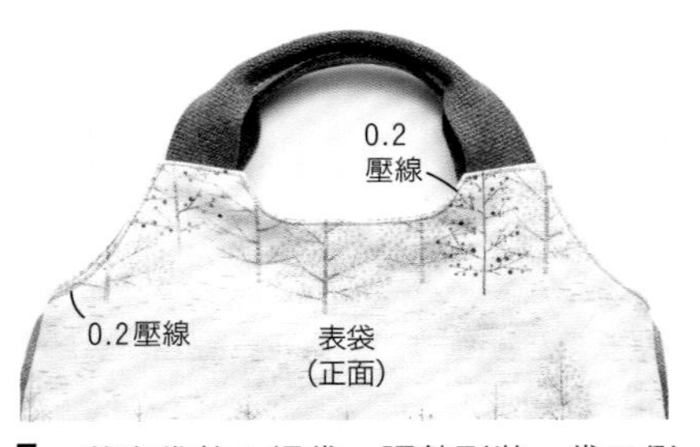

5 將表袋放入裡袋，調整形狀。袋口側進行壓線。

完成圖

斜布條的基本裁剪＆接合方法

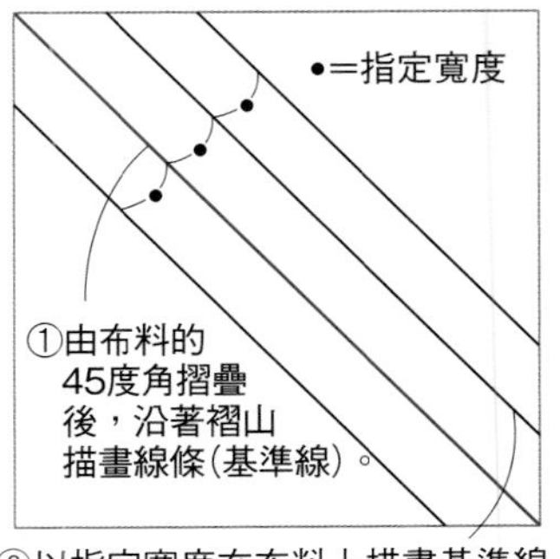

②以指定寬度在布料上描畫基準線的平行線。

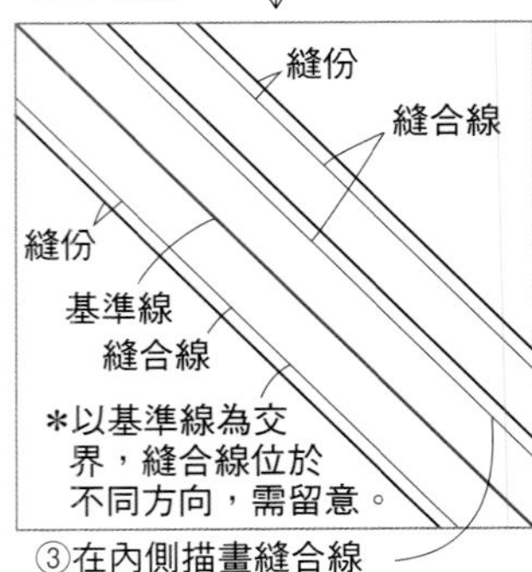

③在內側描畫縫合線（*P.52作品不需要描畫）

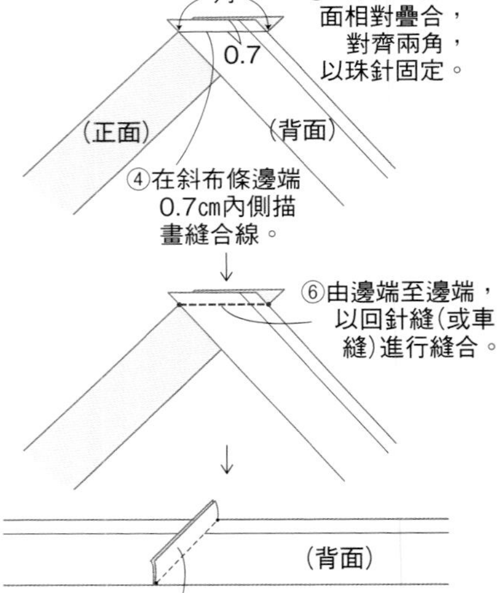

⑧配合寬度修剪超出範圍的多餘縫份。

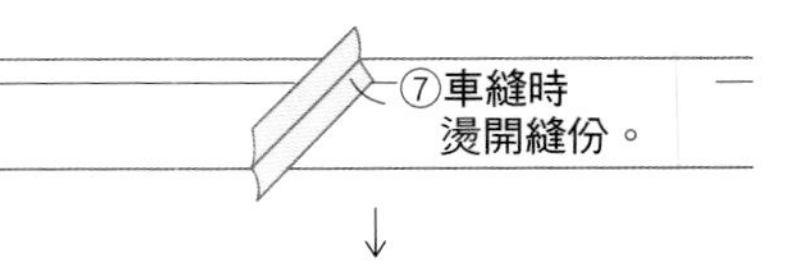

以④至⑧要領進行接合，完成需要長度的斜布條。

One Day輕旅包

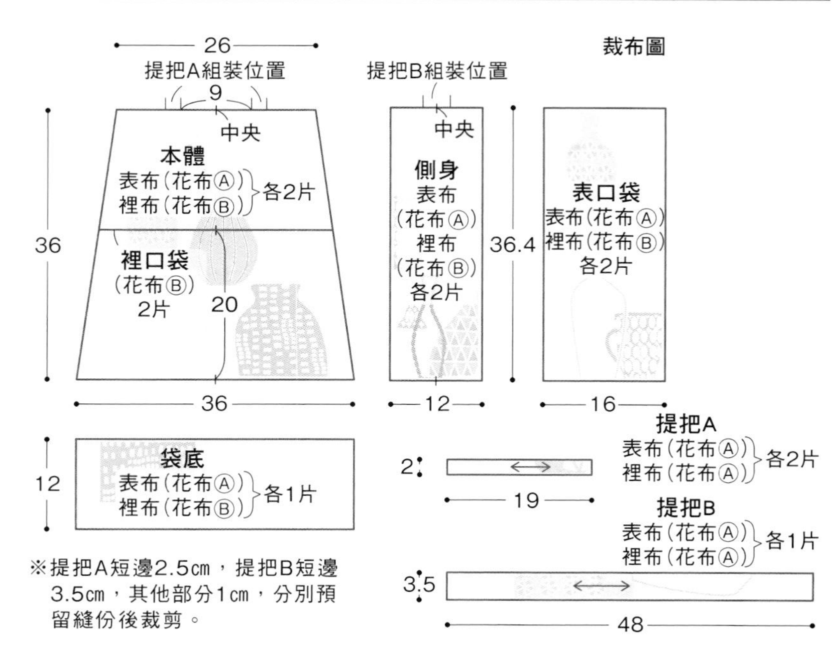

[**完成尺寸**]

＊寬36cm　高36cm　袋底寬12cm

＊使用不同於實作品顏色的線，希望更清楚地解說。

[**材料**]

棉布

花布Ⓐ…寬110cm　83cm

(本體表布・袋底表布・側身表布・表口袋表布・提把A表布、裡布・提把B表布、裡布)

花布Ⓑ…寬110cm　83cm

(本體裡布・袋底裡布・側身裡布・表口袋裡布・裡口袋)

1 裁剪各部位。

參照裁布圖，裁剪各部位。

2 製作表口袋，與側身・袋底進行縫合。

1　表口袋表布與裡布正面相對疊合，由邊端至邊端，縫合袋口側。

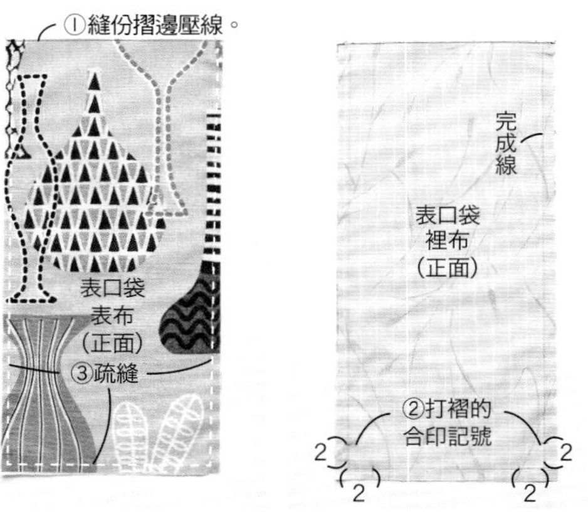

2　翻回正面，進行縫份摺邊壓線(①)。拉出裡布側，周圍描畫完成線，作打褶的合印記號(②)。在完成線外側進行疏縫(③)。

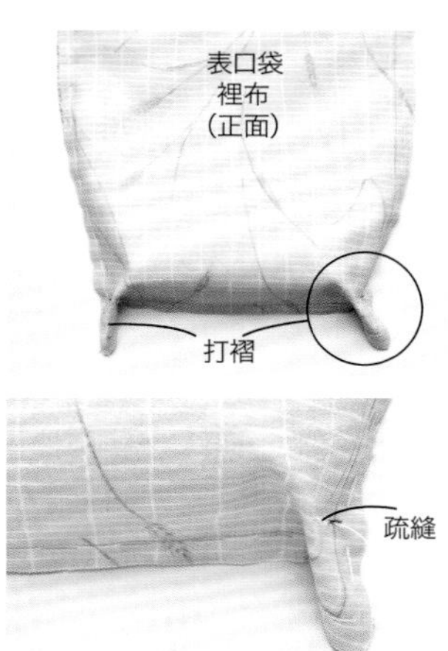

3　對齊打褶的合印記號後抓褶，進行疏縫。

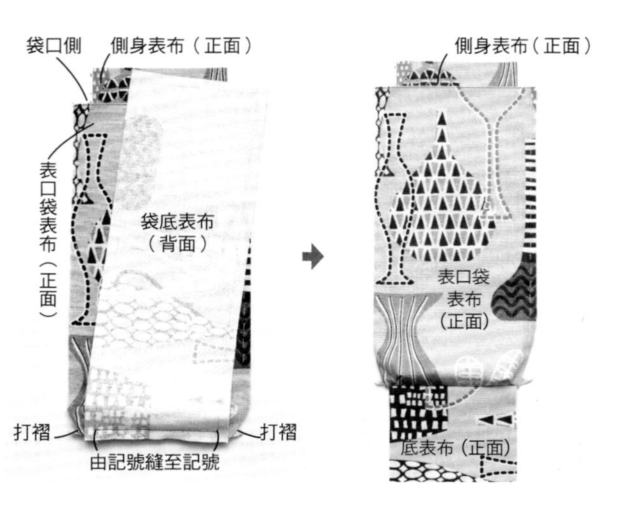

4　側身表布與袋底表布正面相對疊合，夾住表口袋，由記號至記號，縫合袋底側。避免縫到打褶的部分。翻回正面。

※表口袋打褶，因此比側身表布短2cm。

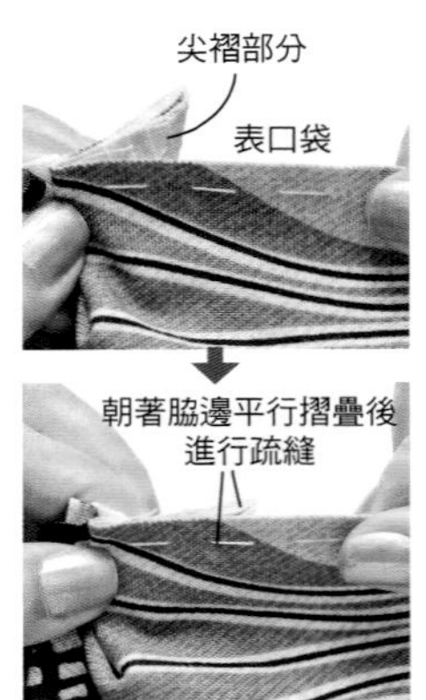

5 打褶部分與表口袋脇邊平行摺疊後，進行疏縫固定。另一側以相同作法完成。對齊表口袋與側身脇邊，在兩脇邊進行疏縫。

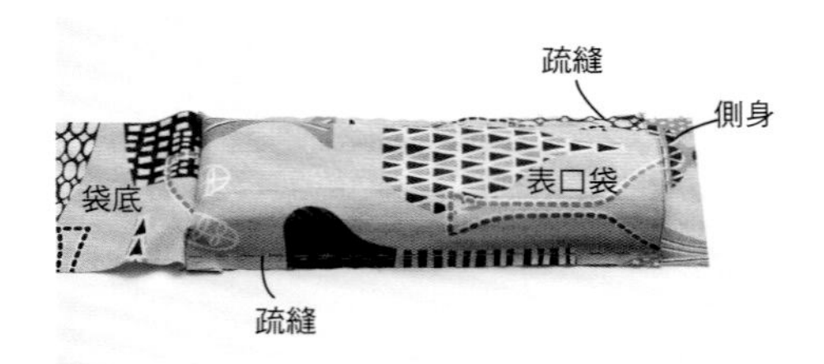

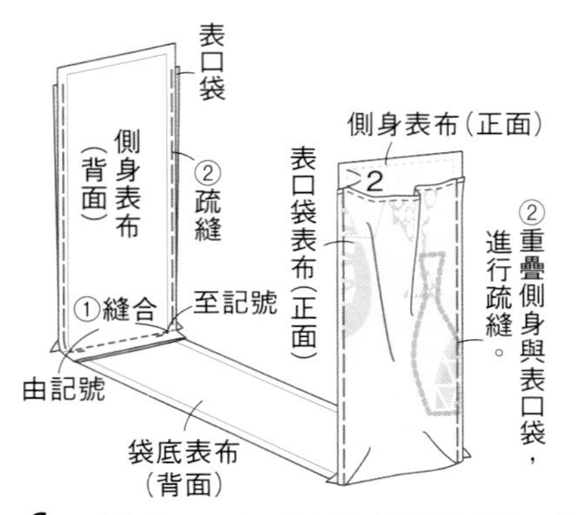

6 袋底的另一側以步驟**1**至**5**要領，縫合另一片側身與表口袋。

③ 製作表袋。

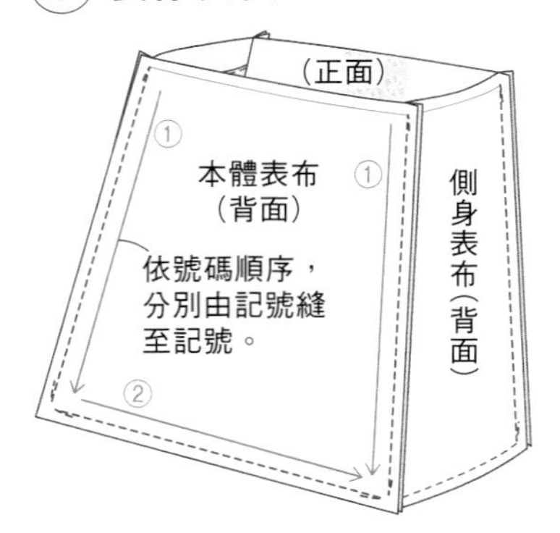

本體表布與袋底・側身正面相對疊合，依圖中箭頭①・②順序，由記號至記號，縫合各邊。避免縫到側身的角上部位。另一側以相同作法完成。

④ 製作裡袋。

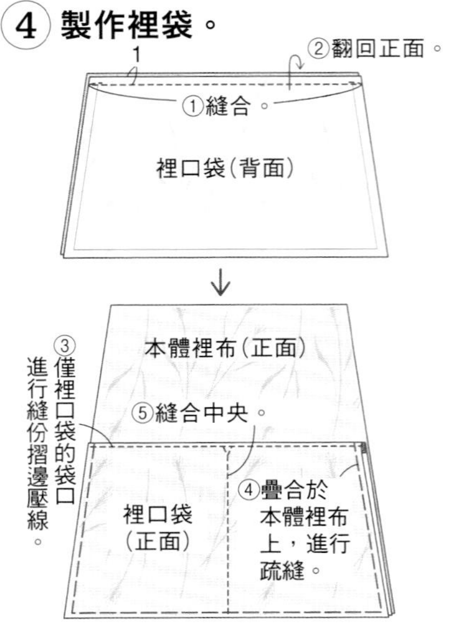

1 兩片裡口袋正面相對疊合，縫合袋口側。翻回正面，進行縫份摺邊壓線。縫在本體的1片裡布上。

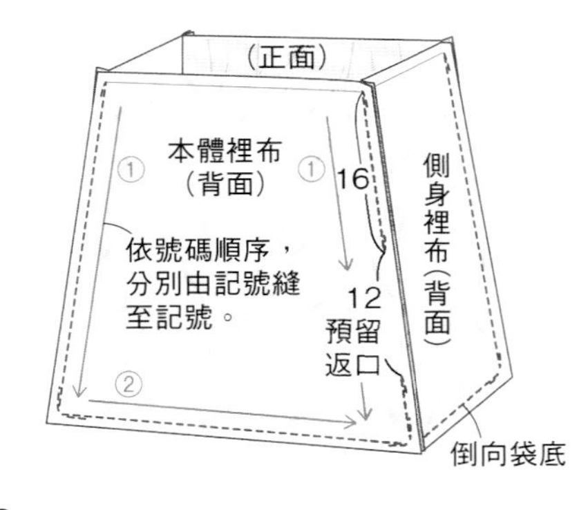

2 袋底裡布兩端縫合側身裡布，縫份倒向袋底側。接著由記號至記號為止，縫合2片本體裡布與袋底・側身裡布，並預留一處返口。

⑤ 製作提把，縫在本體上。

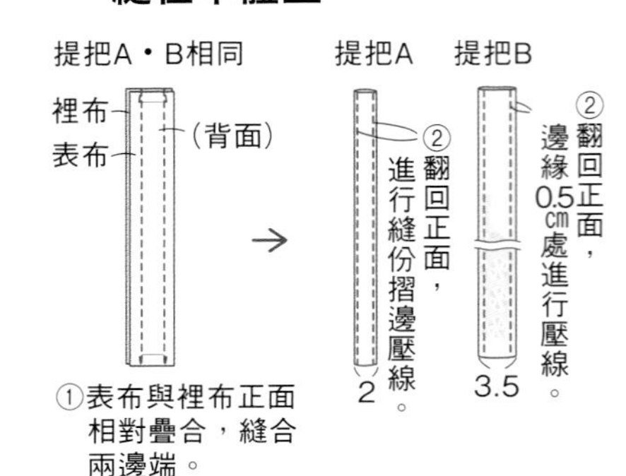

1 製作2條提把A，1條提把B。

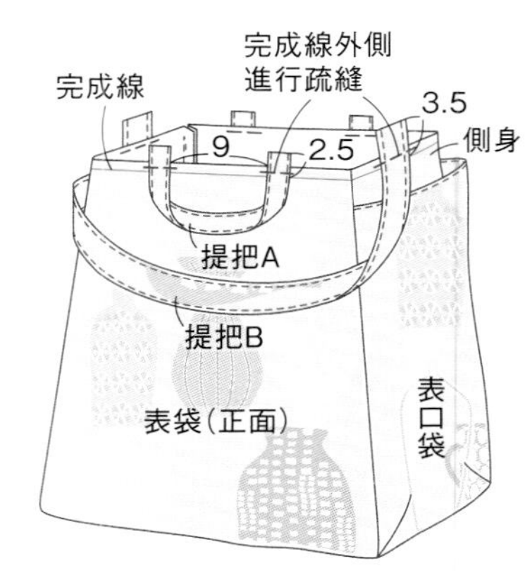

2 提把A・B暫時固定在表袋的正面。

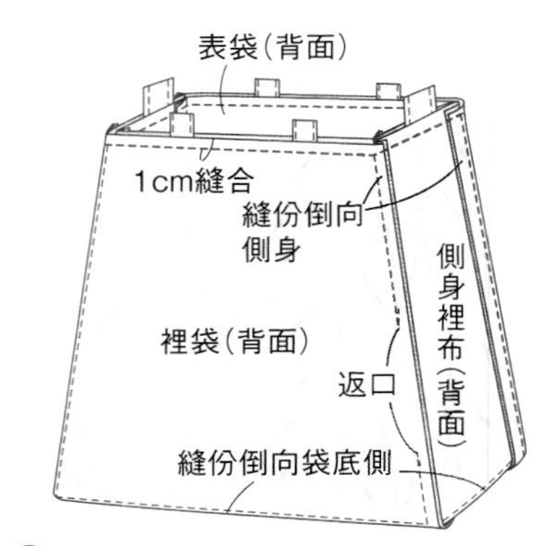

3 將步驟**2**的表袋放入裡袋，正面相對疊合，繞縫袋口側一圈。

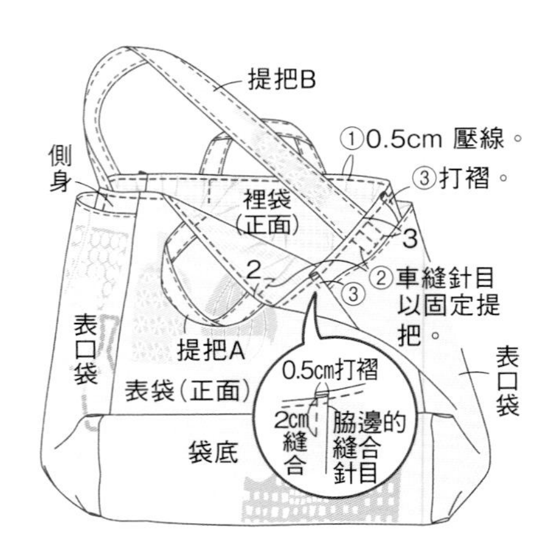

4 由裡袋的返口翻回正面，返口進行ㄈ形綴縫。將裡袋放入表袋，調整形狀。袋口進行壓線（①），如圖分別車縫針目以固定提把A・B（②）。袋口脇邊分別抓褶，打褶4處後縫合固定（③）即完成。

One Mile休閒外出包

[完成尺寸]

寬24cm　高29cm　袋底寬10cm

＊紙型　C面

[材料]

棉布

橫條紋…寬110cm　38cm

（本體表布・側身表布）

織紋…寬110cm　42cm

（本體裡布・側身至袋底裡布・裡口袋）

黑色…15×12cm（底表布）

尼龍織帶

黑色…寬2cm　100cm（提把）

[作法]

1 製作側身至袋底表布（圖1）。

2 步驟1與本體表布正面相對疊合，對齊合印記號，沿著完成線縫合。另一側以相同作法完成（圖2）。

3 翻回正面，側身進行縫份摺邊壓線，至距離袋口側24.5cm處（圖3）。

4 對摺長100cm尼龍織帶，進行縫份摺邊壓線後，剪成50cm長。暫時固定在本體表布上（圖4）。

5 裡口袋的袋口側摺成三褶，進行縫合。疊合於本體裡布上，車縫中央，形成隔層。另一片以相同作法完成（圖5）。

6 縫合側身至2片袋底裡布的袋底中央部分，燙開縫份。與步驟5縫合，但需預留返口（圖6）。

7 縫合步驟4與6（圖7）。

8 翻回正面，縫合返口。拉出表袋，袋口側進行縫份摺邊壓線（圖8）。

正反兩用樣貌

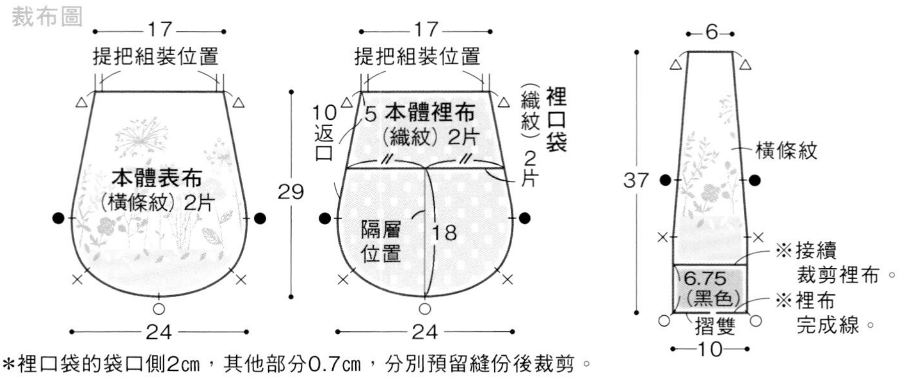

＊裡口袋的袋口側2cm，其他部分0.7cm，分別預留縫份後裁剪。

側身至袋底

表布（橫條紋／側身）2片

（黑色／袋底）1片

裡布（織紋／側身至袋底）2片

※接合側身與袋底後裁剪裡布。

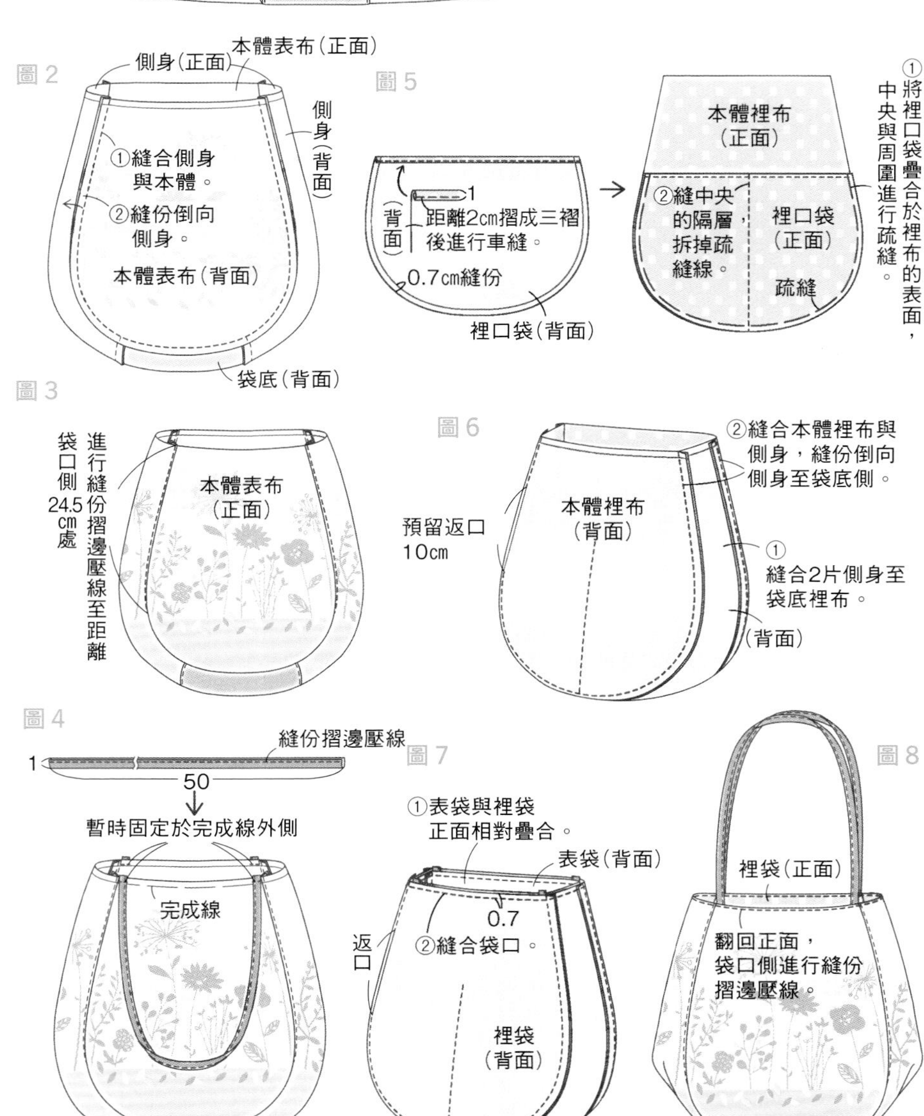

背後打褶長版背心

[**完成尺寸**]

M…胸圍103cm　衣長91.2cm

L…胸圍109cm　衣長91.7cm

＊使用紙型（B面）

前衣身　後衣身

前領口裡側貼邊　後領口裡側貼邊

前袖襱裡側貼邊　後袖襱裡側貼邊

[**材料**]

棉布

印花布…寬110cm　210cm

接著襯　寬90cm　35cm

[**作法**]

＊領口、袖襱裡側貼邊的背面分別黏貼接著襯。

＊衣身的肩部、側身、下襬縫份、各部分裡側貼邊的外圍進行Z字形車縫（或鎖邊車縫）。

1 摺疊下襬縫份，車縫後衣身中央的褶子。→**圖1**

2 縫合肩部。→**圖2**

3 縫合領口。→**圖3**

4 縫合脇邊。→**圖4**

5 縫合袖襱。→**圖5**

6 處理開衩處與下襬。→**圖6**

作法順序

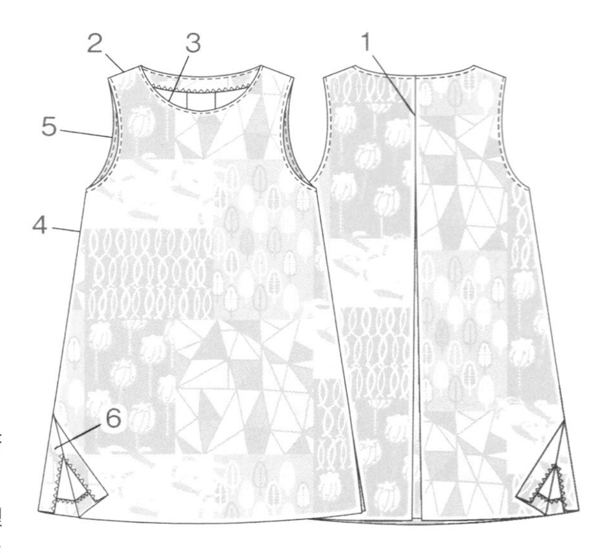

裁布圖

＊除了指定處之外，預留縫份1cm。

＊▭接著襯黏貼位置。

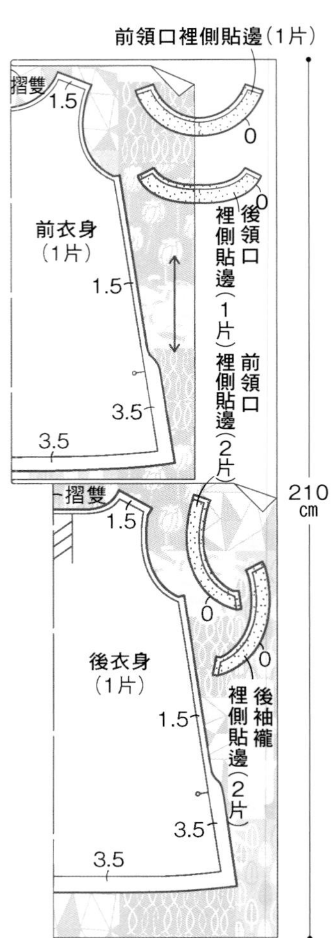

圖1

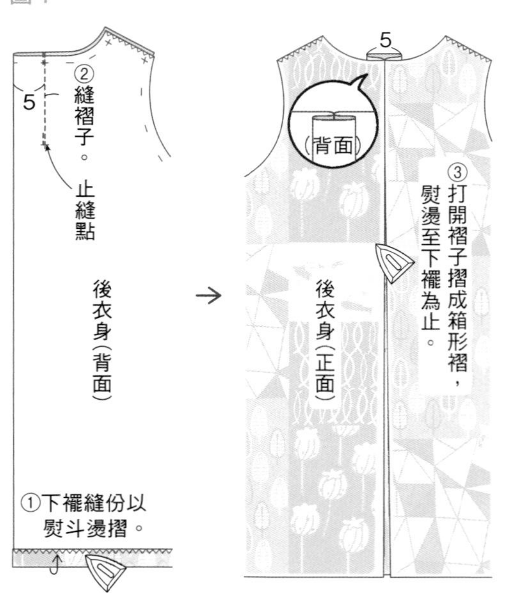

圖2

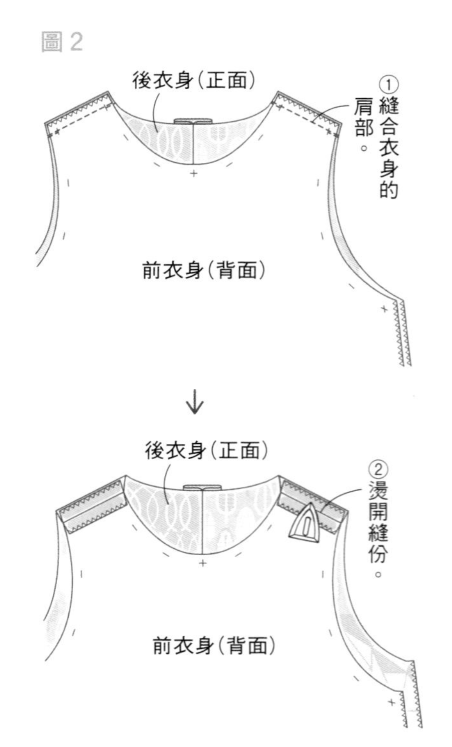

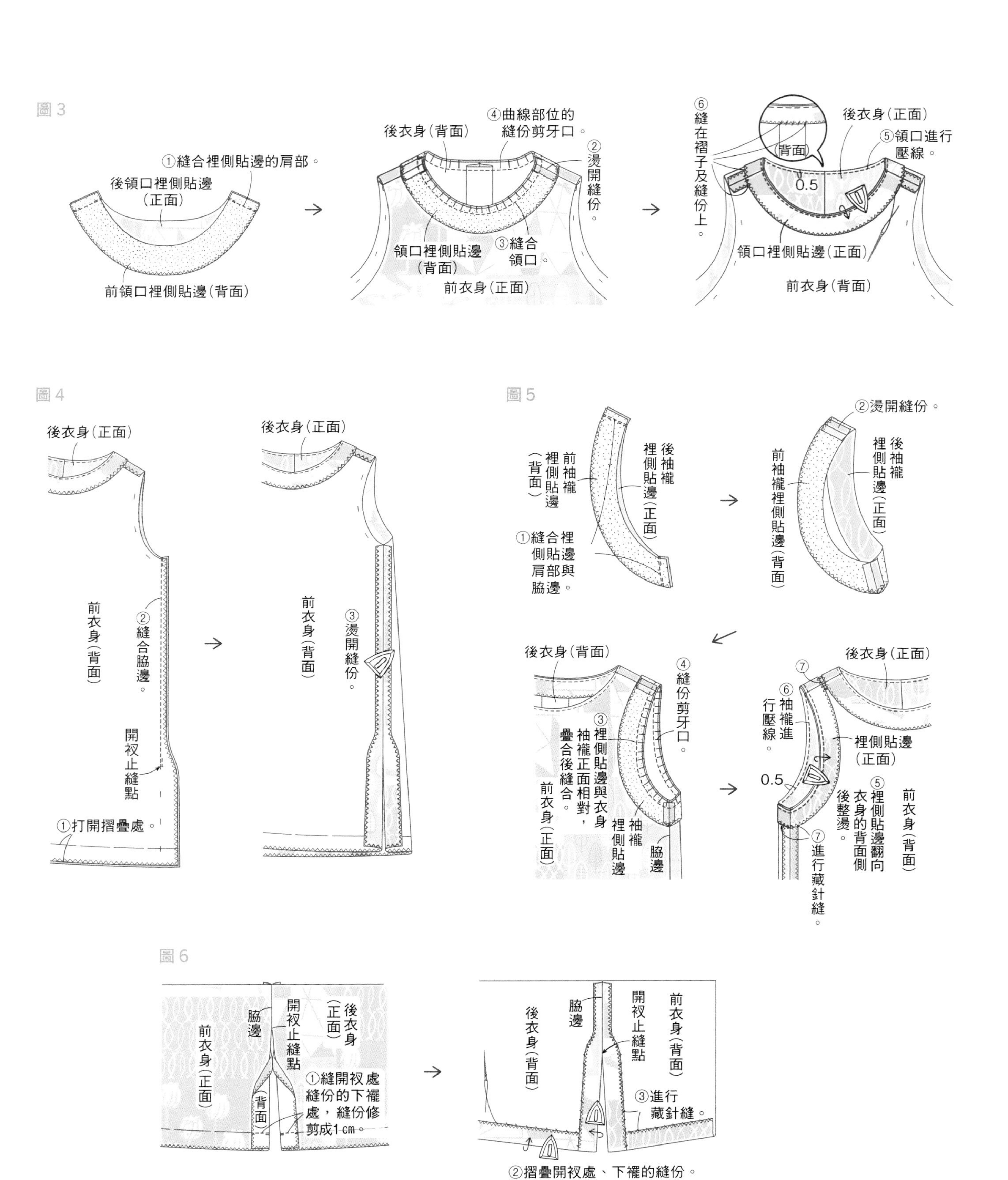
圖 3
①縫合裡側貼邊的肩部。
後領口裡側貼邊
(正面)
前領口裡側貼邊(背面)
後衣身(背面)
④曲線部位的
縫份剪牙口。
②燙開縫份。
領口裡側貼邊
(背面)
③縫合
領口。
前衣身(正面)
⑥縫在褶子及縫份上。
(背面)
0.5
後衣身(正面)
⑤領口進行
壓線。
領口裡側貼邊(正面)
前衣身(背面)
圖 4
後衣身(正面)
前衣身(背面)
②縫合脇邊。
開衩止縫點
①打開摺疊處。
後衣身(正面)
前衣身(背面)
③燙開縫份。
圖 5
前袖襱裡側貼邊(背面)
後袖襱裡側貼邊(正面)
①縫合裡側貼邊肩部與脇邊。
②燙開縫份。
前袖襱裡側貼邊(背面)
後袖襱裡側貼邊(正面)
後衣身(背面)
④縫份剪牙口。
③裡側貼邊與衣身袖襱正面相對,疊合後縫合。
前衣身(正面)
袖襱裡側貼邊
脇邊
⑦
後衣身(正面)
⑥袖襱進行壓線。
裡側貼邊
(正面)
0.5
⑤裡側貼邊翻向衣身的背面側後整邊。
前衣身(背面)
⑦進行藏針縫。
圖 6
前衣身(正面)
脇邊
開衩止縫點
後衣身(正面)
(背面)
①縫開衩處縫份的下襬處,縫份修剪成1㎝。
後衣身(背面)
脇邊
開衩止縫點
前衣身(背面)
③進行藏針縫。
②摺疊開衩處、下襬的縫份。

冰灰色長版上衣

[**完成尺寸**]

M…胸圍103cm　衣長82cm　袖長23cm

L…胸圍109cm　衣長82.5cm　袖長23.5cm

＊使用紙型（B面）

前衣身　後衣身 前領口裡側貼邊

後領口裡側貼邊　衣袖

[**材料**]

棉布　　印花布…寬110cm

　　　　　M 220cm／L 230cm

接著襯　35×25cm

[**作法**]

＊領口裡側貼邊背面黏貼接著襯。

＊衣身的肩部與脇邊、衣袖的袖下縫份、裡側貼邊外圍進行Z字形車縫（或鎖邊車縫）。

1 前・後衣身的肩部正面相對疊合，縫合後燙開縫份。→**P.58**

2 以裡側貼邊重新縫領口。→**P.59**

3 組裝衣袖。→**圖1**

4 由袖下開始接續縫合脇邊。→**圖2**

5 處理袖口、下襬。→**圖3**

作法順序

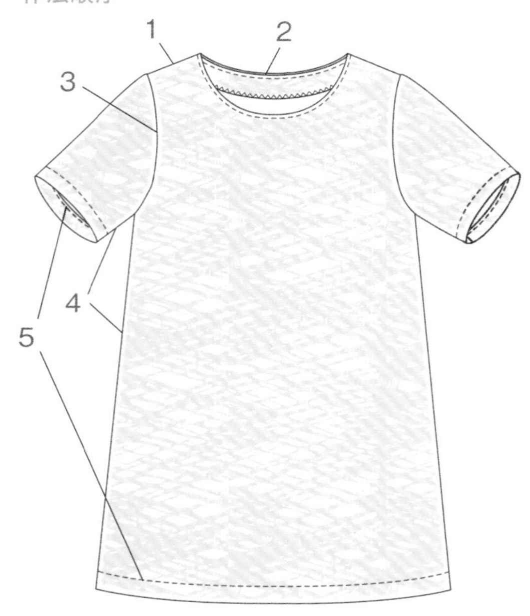

裁布圖

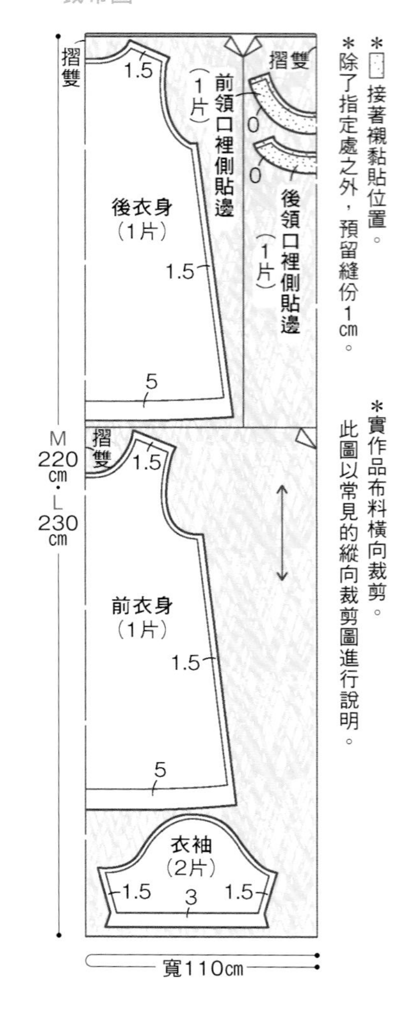

圖1

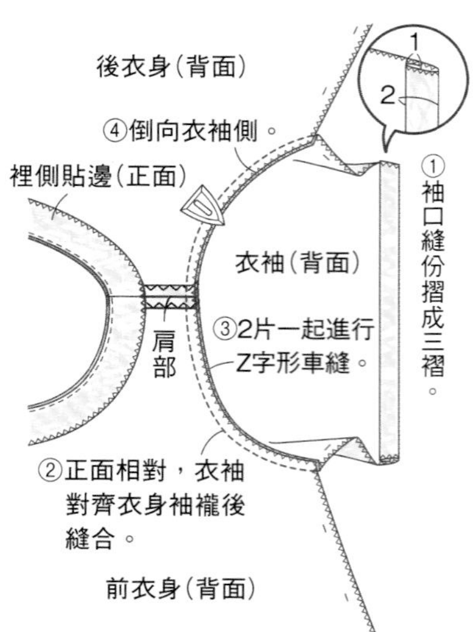

圖2

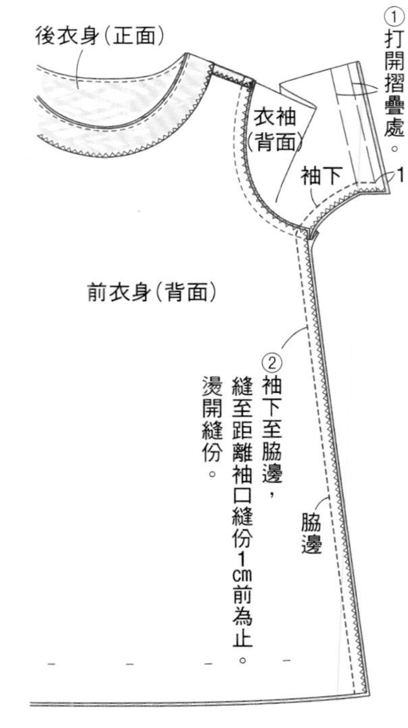

圖3

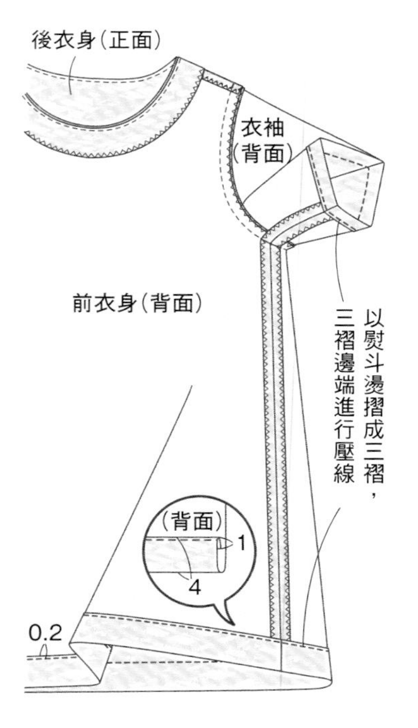

小鳥造型波奇包

[完成尺寸]

長（鳥嘴至尾巴）約22cm
高（腹部中央）約7.5cm

＊紙型　C面

[材料]

棉布　花布Ⓐ…20×20cm（身體）
花布Ⓑ…25×7cm（胸部表布）
花布Ⓒ…13×12cm（翅膀）
花布Ⓓ…12×6cm（頭部）
花布Ⓔ…12×6cm（尾巴正面・尾巴背面）
花布Ⓕ…17×17cm（鳥嘴・鳥腳）
花布Ⓖ…19×3cm（活動鉤帶子）
花布Ⓗ…25×30cm（本體裡布・胸部裡布）

鋪棉　25×30cm

薄接著襯　4.5×4.5cm

蠟繩
深藍色…直徑0.1cm　12cm（頭冠）

25號繡線
藍色・深灰色…各適量

拉鍊　長15cm以上　1條

活動鉤　銀色…高3cm×內徑0.8cm　1個

[作法]

1 裁剪各部位，頭部描畫眼睛刺繡圖案，身體描畫翅膀貼布縫位置。

2 縫合本體表布的頭部與身體，身體進行翅膀貼布縫。頭部與身體的縫合針目上進行刺繡。另一片以相同作法完成（**圖1**）。

3 左右本體表布與裡布分別正面相對疊合，裡布疊合鋪棉，在完成線外側進行疏縫。預留返口，進行縫合。沿著縫合針目邊緣修剪鋪棉，曲線部分的縫份剪牙口（**圖2**）。

4 步驟**3**翻回正面，縫合返口。挑縫至裡布為止，進行全面疏縫後，進行自由壓線。翅膀周圍進行落針壓縫。拆掉周圍以外的疏縫線（**圖3**）。另一側以相同作法完成。

5 以本體縫製要領製作胸部（**圖4**）。

6 將拉鍊的下止片疊合於本體的頭部側，以全回針縫進行縫合。邊端以立針縫進行縫合（**圖5**）。將另一片本體縫在拉鍊的另一側（**圖6**）。

7 拉鍊打開至中途，本體與胸部正面相對疊合，分別挑縫表布，以捲針縫方式縫合。另一側進行捲針縫。接著分別挑縫裡布，進行コ形綴縫（**圖7**）。拆掉周圍的疏縫線。將本體翻向正面。

8 製作活動鉤的帶子與頭冠。插入頭部，周圍進行コ形綴縫（**圖8**）。

9 製作尾巴，縫在本體的尾端（**圖9**）。

10 製作鳥嘴。疊合於頭部，周圍進行藏針縫（**圖10**）。帶子尾端安裝活動鉤（**圖11**）。

11 製作鳥腳，縫在胸部下方中央（**圖12**）。

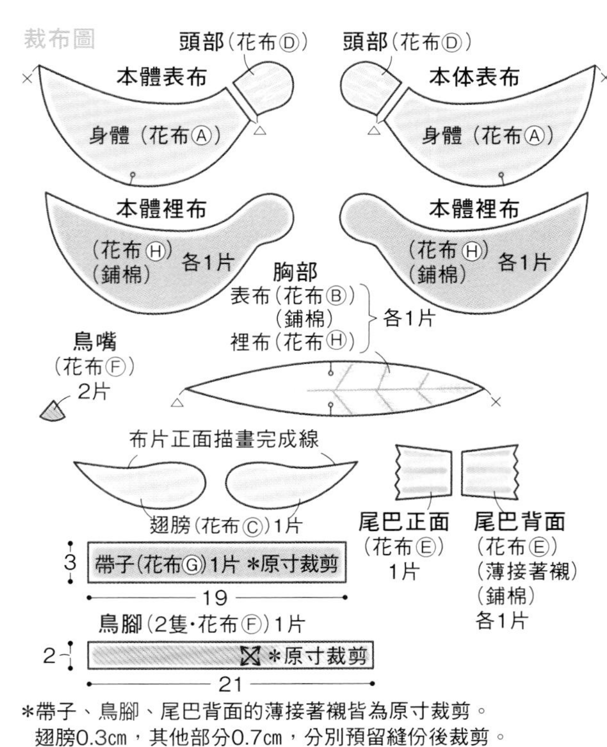

＊帶子、鳥腳、尾巴背面的薄接著襯皆為原寸裁剪。
翅膀0.3cm，其他部分0.7cm，分別預留縫份後裁剪。
＊本體的頭部、身體、翅膀、尾巴的表布・裡布，
分別翻轉後左右對稱裁剪。

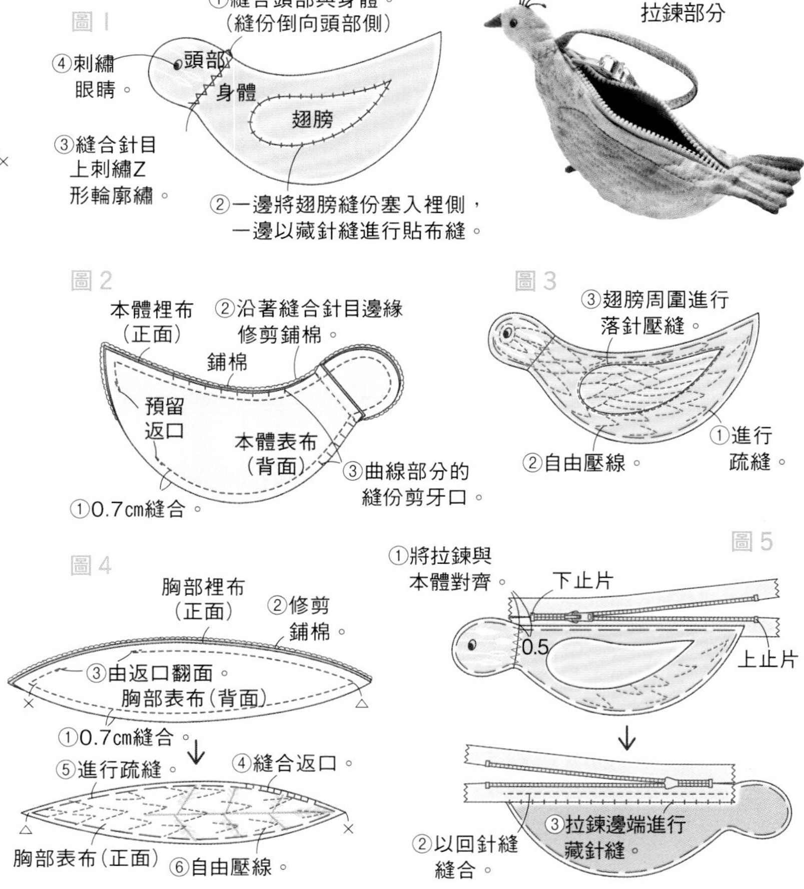

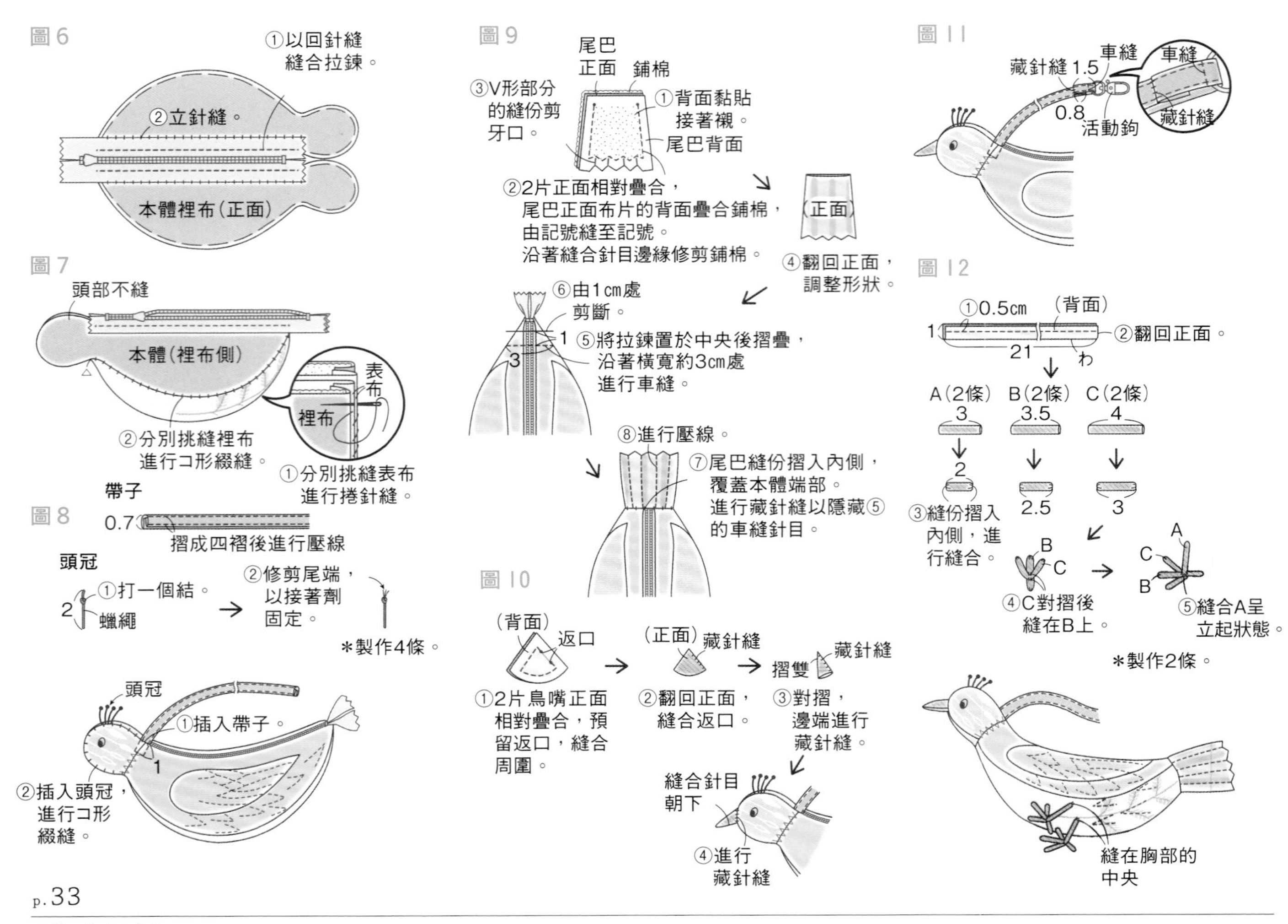

p.33

貓頭鷹

[完成尺寸]

寬12cm　高18.5cm

＊紙型　C面

[材料]

棉布　花布Ⓐ…40×15cm

(前後身體・袋底・內耳)

花布Ⓑ…30×26cm (右翅膀・左翅膀)

花布Ⓒ…10×12cm (頭部)

花布Ⓓ…10×12cm (眼睛)

花布Ⓔ…10×12cm (鳥嘴・腳爪)

花布Ⓕ…10×12cm (頭部側身・外耳)

花布Ⓖ…21×11cm (尾巴・腳)

接著鋪棉　25×19cm

塑膠板　厚0.1cm　9×6cm

60號聚酯車縫線　綠色…適量 (刺繡用)

25號繡線　黑色…適量

棉花　適量

[作法]

1 裁剪各部位。頭部・眼睛・左右翅膀・身體後片，皆左右對稱，分別裁剪1片，鋪棉與布片同寸裁剪。

2 頭部以藏針縫進行眼睛貼布縫。另一側以相同作法完成 (**圖1**)。

3 兩片頭部正面相對疊合，由記號至邊端，縫合中央。縫份倒向一側 (**圖2**)。

4 縫頭部側身的褶子，縫份倒向一側。接著縫合頭部，由記號縫至邊端 (**圖3**)。

5 兩片身體後片正面相對疊合，縫後片中央。接著與身體前片進行縫合 (**圖4**)。

6 以平針縫縫合袋底周圍，放入塑膠板，拉緊縫線 (**圖5**)。

7 正面相對疊合，將頭部插入身體，頭部前中央對齊身體脇邊的合印記號，縫合頸部 (**圖6**)。

8 身體翻回正面，確實地塞滿棉花。縫合袋底 (**圖7**)。

9 進行臉部刺繡 (**圖8**)。將線頭藏入翅膀可遮擋的位置。

10 兩片左側翅膀正面相對疊合，背面疊合接著鋪棉後進行縫合。距離縫合針目0.1cm，預留接著鋪棉後修剪。翻回正面，縫合返口。壓燙鋪棉以促使黏合，以機縫拼布方式完成縫製 (**圖9**)。右翅膀以相同作法完成。

11 如同翅膀製作尾巴，但返口不縫合 (**圖10**)。

12 腳製作2片 (**圖11**)。

13 製作腳爪，縫在腳上 (**圖12**)。製作耳朵 (**圖13**)、鳥嘴 (**圖14**)。

14 將尾巴縫在身體後片中央 (**圖15**)。接著縫上左右翅膀，將腳縫在身體底部，耳朵、鳥嘴縫在頭部 (**圖16**)。

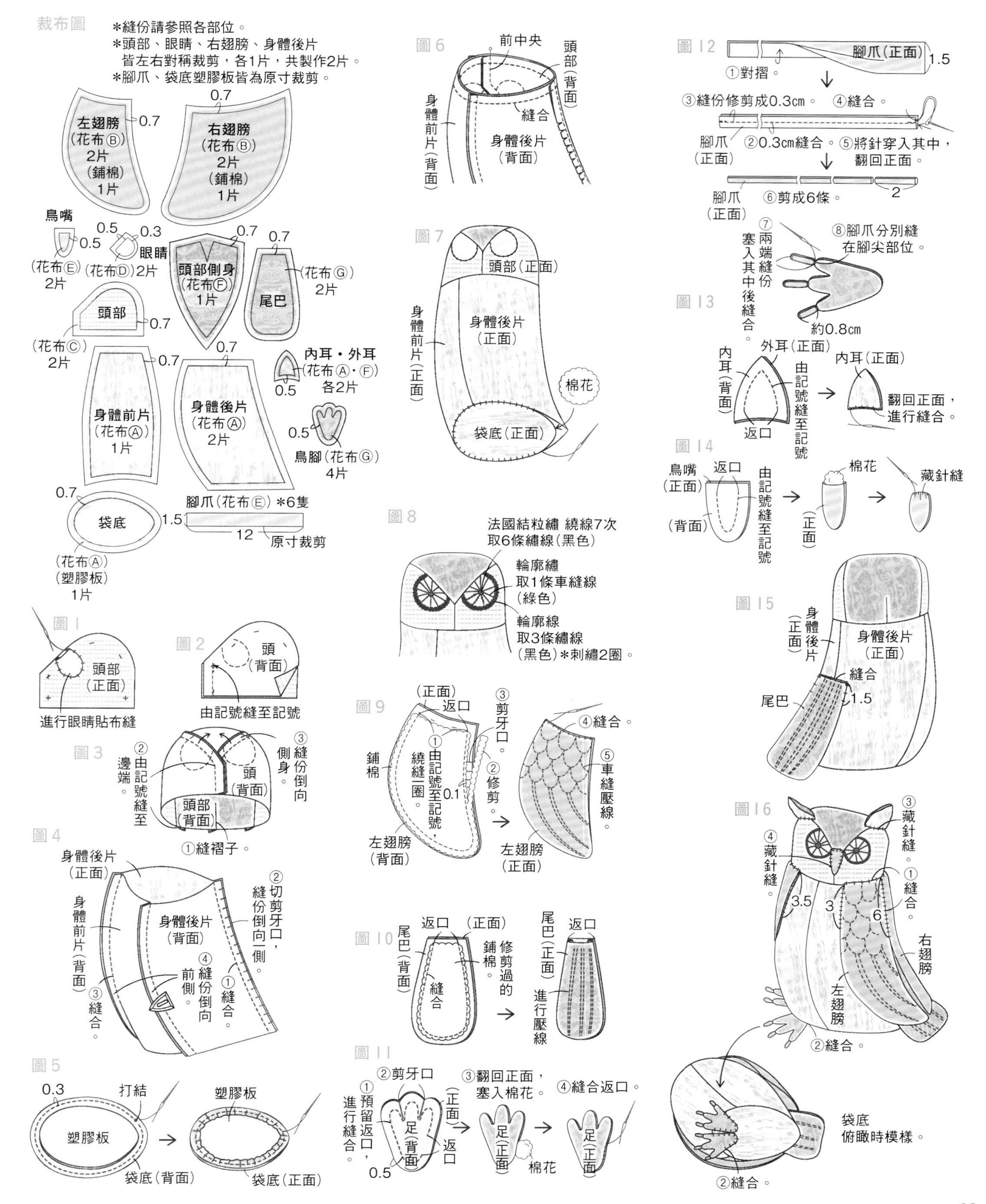

裁布圖
*縫份請參照各部位。
*頭部、眼睛、右翅膀、身體後片皆左右對稱裁剪，各1片，共製作2片。
*腳爪、袋底塑膠板皆為原寸裁剪。
左翅膀（花布Ⓑ）2片（鋪棉）1片
0.7
右翅膀（花布Ⓑ）2片（鋪棉）1片
鳥嘴
0.5
0.3
眼睛
（花布Ⓔ）2片
（花布Ⓓ）2片
頭部側身（花布Ⓕ）1片
尾巴
（花布Ⓖ）2片
頭部
（花布Ⓒ）2片
內耳・外耳（花布Ⓐ・Ⓕ）各2片
身體前片（花布Ⓐ）1片
身體後片（花布Ⓐ）2片
鳥腳（花布Ⓖ）4片
袋底
（花布Ⓐ）（塑膠板）1片
腳爪（花布Ⓔ）*6隻
1.5
12
原寸裁剪
圖1
頭部（正面）
進行眼睛貼布縫
圖2
頭（背面）
由記號縫至記號
圖3
②由記號縫至邊端。
③縫份倒向側身
頭（背面）
頭部（背面）
①縫褶子。
圖4
身體後片（正面）
身體前片（背面）
③縫合。
身體後片（背面）
②切剪牙口，縫份倒向一側。
④縫份倒向前側。
①縫合。
圖5
0.3
打結
塑膠板
袋底（背面）
塑膠板
袋底（正面）
圖6
前中央
頭部（背面）
身體前片（背面）
縫合
身體後片（背面）
圖7
頭部（正面）
身體前片（正面）
身體後片（正面）
棉花
袋底（正面）
圖8
法國結粒繡 繞線7次 取6條繡線（黑色）
輪廓繡 取1條車縫線（綠色）
輪廓線 取3條繡線（黑色）*刺繡2圈。
圖9
（正面）
返口
③剪牙口。
鋪棉
①由記號至記號，繞縫一圈。
0.1
②修剪。
左翅膀（背面）
④縫合。
⑤車縫壓線。
左翅膀（正面）
圖10
返口
（正面）
尾巴（背面）
縫合
修剪過的鋪棉。
尾巴（正面）
返口
進行壓線
圖11
②剪牙口
③翻回正面，塞入棉花。
④縫合返口。
①預留返口，進行縫合。
（正面）
足（背面）
返口
0.5
足（正面）
棉花
足（正面）
圖12
腳爪（正面）
1.5
①對摺。
③縫份修剪成0.3㎝。
④縫合。
腳爪（正面）
②0.3㎝縫合。
⑤將針穿入其中，翻回正面。
腳爪（正面）
⑥剪成6條。
2
圖13
⑦兩端縫份塞入其中後縫合。
⑧腳爪分別縫在腳尖部位。
約0.8㎝
外耳（正面）
內耳（背面）
由記號縫至記號
返口
內耳（正面）
翻回正面，進行縫合。
圖14
鳥嘴（正面）
返口
（背面）
由記號縫至記號
棉花
（正面）
藏針縫
圖15
身體後片（正面）
身體後片（正面）
縫合
1.5
尾巴
圖16
③藏針縫。
④藏針縫。
①縫合。
3.5
3
6
右翅膀
左翅膀
②縫合。
袋底俯瞰時模樣。
②縫合。

星星&提籃圖案波奇包

[完成尺寸]

寬14cm　高約11cm　袋底寬7cm

＊紙型　C面

[材料]

棉布　花布Ⓐ…16×10cm（袋底）

花布Ⓑ…27×50cm

（本體裡布・包覆袋底側身縫份的斜布條）

花布Ⓒ…25×25cm

（包覆袋口側的斜布條・釦絆）

零碼布片數種…各適量（拼接・貼布縫）

鋪棉　27×40cm

中厚接著襯　8×8cm

拉鍊　芥末色…長20cm　1條

金屬釦件　銀色…1組

[作法]

1 裁剪各部位。參照原寸紙型，同時製作本體紙型。

2 拼接星星圖案A・B・C，提籃圖案D・E・F進行貼布縫，分別製作2片（**圖1**）。

3 製作本體表布（**圖2**）。

4 在本體表布上描畫壓縫線。裡布、鋪棉、本體表布疊合三層後進行疏縫。進行壓線後，拆掉周圍以外的疏縫線（**圖3**）。

5 將紙型疊合於本體表布的正面，在袋口側描畫完成線。接著在本體裡布的正面，描畫側身與袋底的完成線。以斜布條包覆袋口側，完成包邊（**圖4**）。

6 以回針縫將拉鍊縫在袋口側（**圖5**）。縫合本體的脇邊，處理縫份（**圖6**）。

7 縫合袋底側身，處理縫份，以斜布條包覆袋底側身縫份（**圖7**）。

8 製作釦絆。將袋口兩側摺成三角形後進行縫合。距離縫合針目1cm修剪縫份，以釦絆夾住後進行藏針縫（**圖8**）。

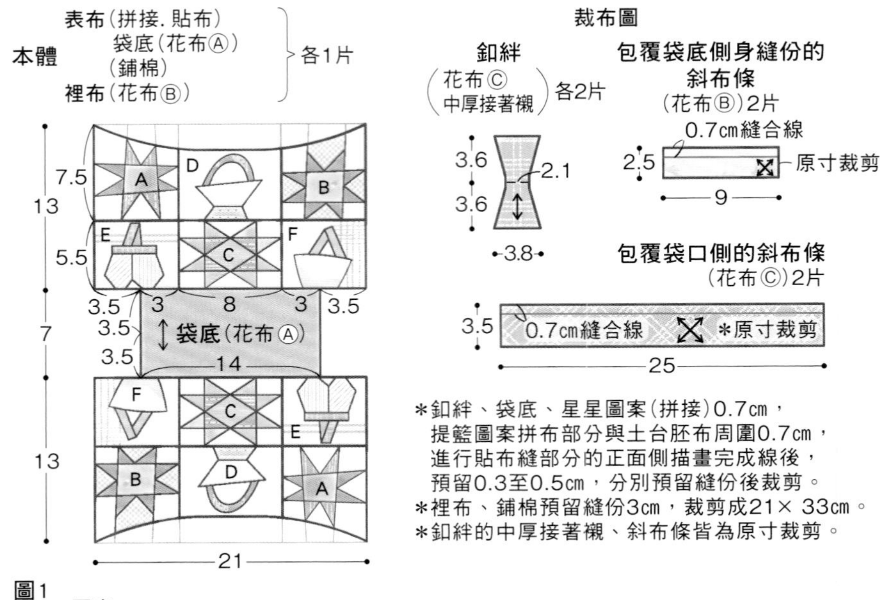

＊釦絆、袋底、星星圖案（拼接）0.7cm，提籃圖案拼布部分與土台胚布周圍0.7cm，進行貼布縫部分的正面側描畫完成線後，預留0.3至0.5cm，分別預留縫份後裁剪。
＊裡布、鋪棉預留縫份3cm，裁剪成21×33cm。
＊釦絆的中厚接著襯、斜布條皆為原寸裁剪。

圖1

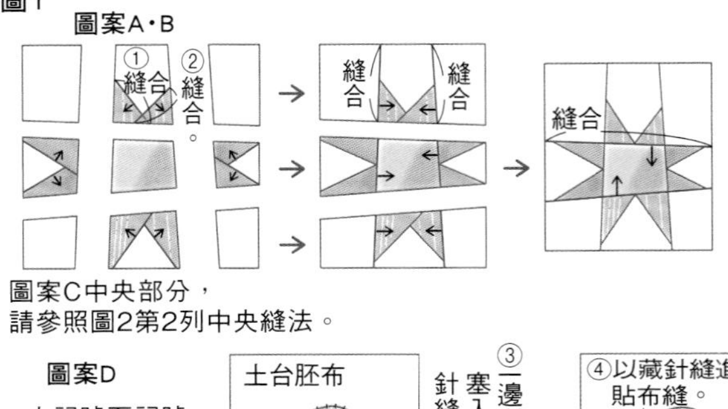

圖案C中央部分，
請參照圖2第2列中央縫法。

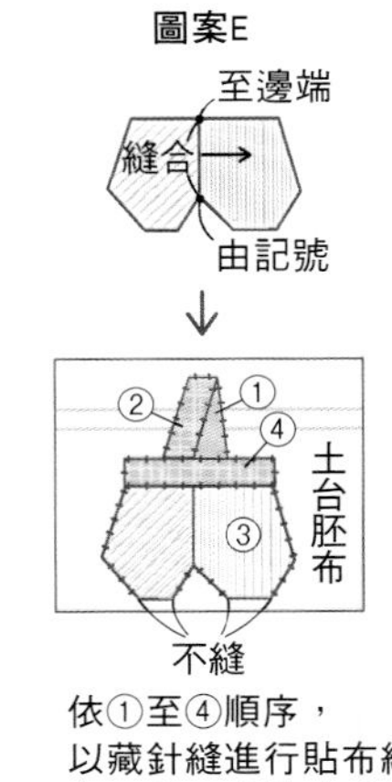

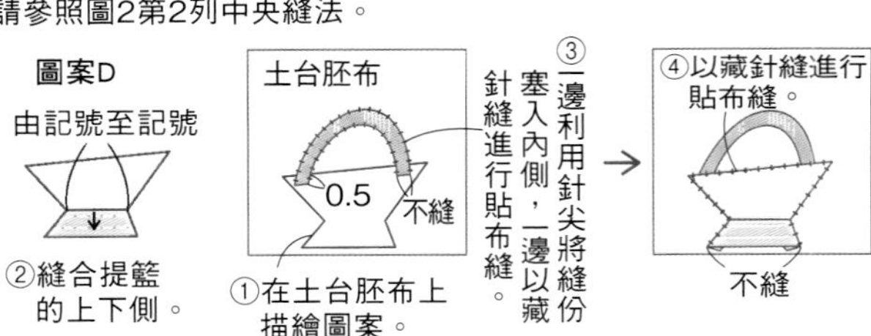

圖2

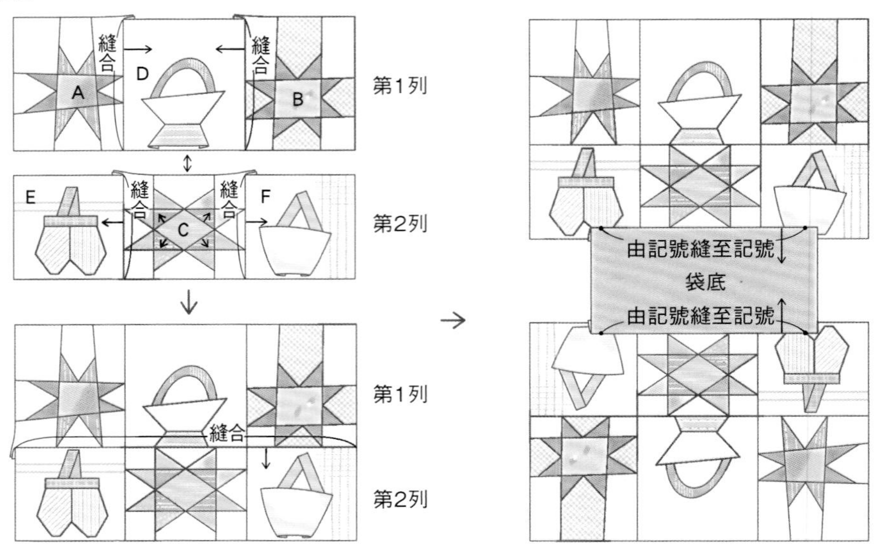

圖3
鋪棉
沿著印花圖案進行壓線

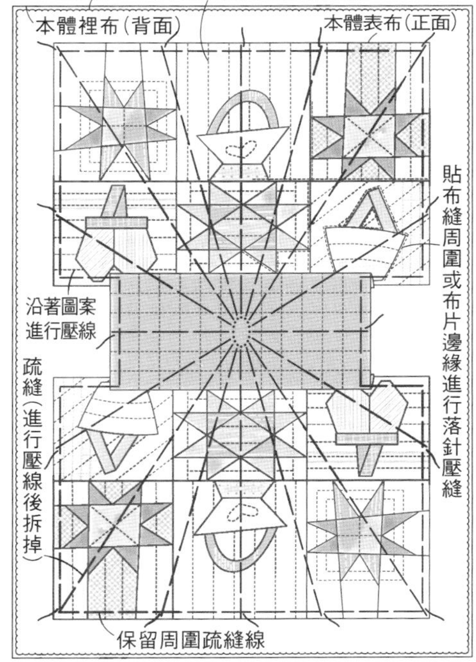

本體裡布(背面)
本體表布(正面)
貼布縫周圍或布片邊緣進行落針壓縫
沿著圖案進行壓線
疏縫(進行壓線後拆掉)
保留周圍疏縫線

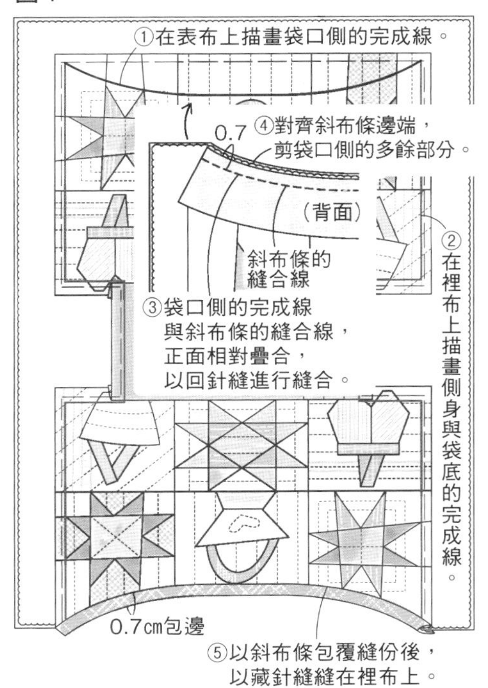

圖4
①在表布上描畫袋口側的完成線。
0.7
④對齊斜布條邊端，剪袋口側的多餘部分。
(背面)
斜布條的縫合線
③袋口側的完成線與斜布條的縫合線，正面相對疊合，以回針縫進行縫合。
②在裡布上描畫側身與袋底的完成線。
0.7cm包邊
⑤以斜布條包覆縫份後，以藏針縫縫在裡布上。

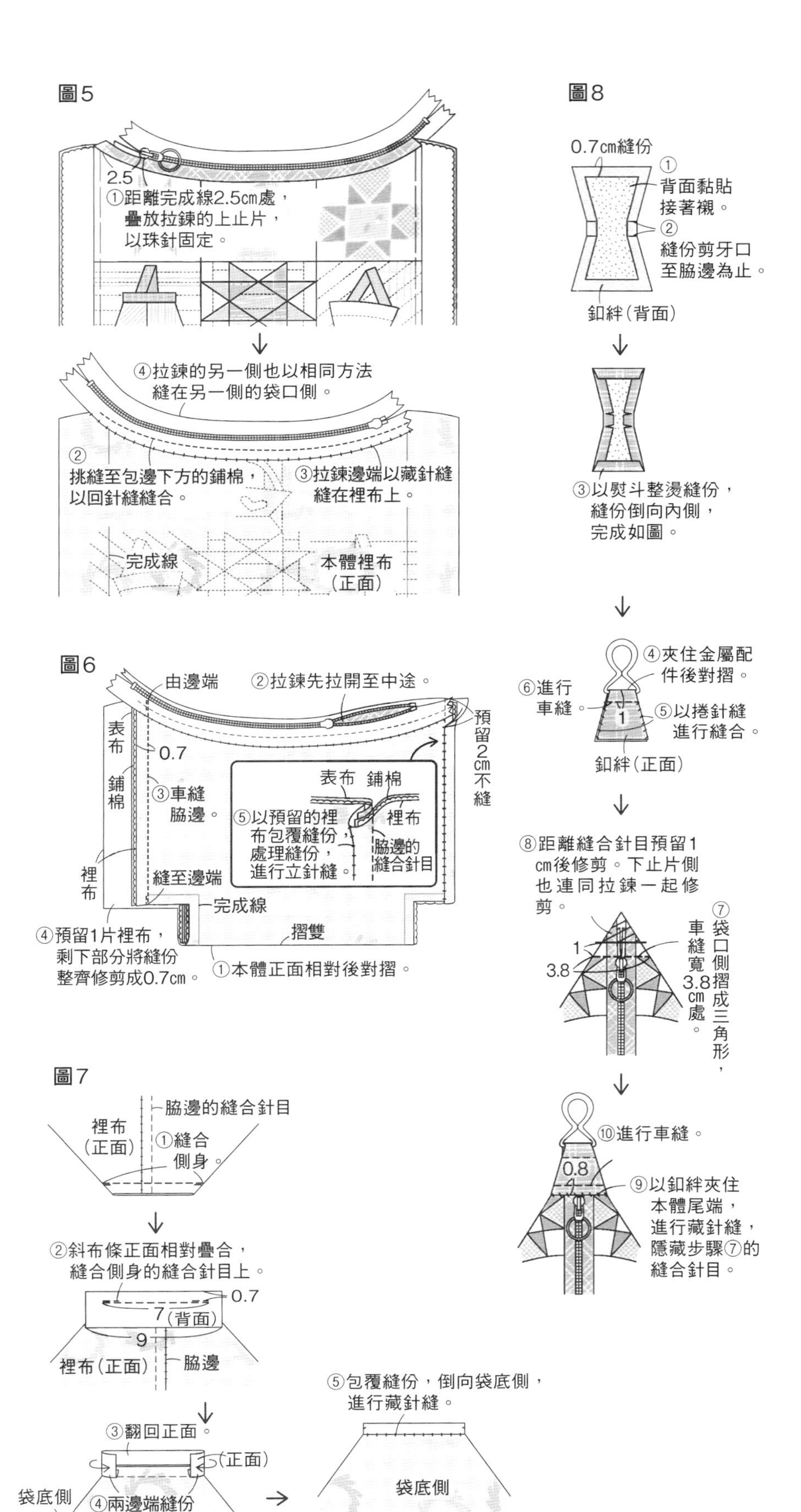

圖5
2.5
①距離完成線2.5cm處，疊放拉鍊的上止片，以珠針固定。
④拉鍊的另一側也以相同方法縫在另一側的袋口側。
②挑縫至包邊下方的鋪棉，以回針縫縫合。
③拉鍊邊端以藏針縫縫在裡布上。
完成線
本體裡布(正面)
圖6
由邊端
②拉鍊先拉開至中途。
預留2cm不縫
表布
0.7
鋪棉
③車縫脇邊。
表布 鋪棉
⑤以預留的裡布包覆縫份，處理縫份，進行立針縫。
裡布
脇邊的縫合針目
裡布
縫至邊端
完成線
摺襞
④預留1片裡布，剩下部分將縫份整齊修剪成0.7cm。
①本體正面相對後對摺。
圖7
脇邊的縫合針目
裡布(正面)
①縫合側身。
②斜布條正面相對疊合，縫合側身的縫合針目上。
0.7
7(背面)
9
裡布(正面)
脇邊
③翻回正面。
(正面)
袋底側
④兩邊端縫份倒向內側。
⑤包覆縫份，倒向袋底側，進行藏針縫。
袋底側
圖8
0.7cm縫份
①背面黏貼接著襯。
②縫份剪牙口至脇邊為止。
釦絆(背面)
③以熨斗整燙縫份，縫份倒向內側，完成如圖。
④夾住金屬配件後對摺。
⑥進行車縫。
1
⑤以捲針縫進行縫合。
釦絆(正面)
⑧距離縫合針目預留1cm後修剪。下止片側也連同拉鍊一起修剪。
1
3.8
車縫寬3.8cm處。
⑦袋口側摺成三角形，
⑩進行車縫。
0.8
⑨以釦絆夾住本體尾端，進行藏針縫，隱藏步驟⑦的縫合針目。

方扁包

〔 **完成尺寸** 〕 寬44cm　高44cm

〔 **材料** 〕

棉布　花布Ⓐ…55×100cm
（本體表布・提把表布）
花布Ⓑ…100×75cm
（本體裡布・裡口袋・提把裡布）

薄接著襯　4.5×60cm

〔 **作法** 〕

1 製作裡口袋，疊合於本體裡布的正面，縫合中央。以相同要領製作另一片（**圖1**）。

2 本體表布、裡布的3邊分別縫合。裡布預留返口後縫合。完成裡袋、表袋。正面相對，將表袋放入裡袋，縫合袋口側。翻回正面，縫合返口。將裡袋放入表袋，調整形狀。袋口側進行壓線（**圖2**）。

3 製作提把（**圖3**）。

4 將提把疊合於表袋的脇邊上，進行車縫固定（**圖4**）。

裁布圖

提把組裝位置

本體
表布（花布Ⓐ）
裡布（花布Ⓑ）各2片

44

44

裡口袋
（花布Ⓑ）2片

25

提把　表布（花布Ⓐ）
裡布（花布Ⓑ）
（薄接著襯）各1片

4.5

60

＊提把的薄接著襯原寸裁剪。
本體表布・裡布的袋口側3cm，其他部分1cm，分別預留縫份後裁剪。

圖1

1
①正面相對疊合，縫合袋口側。
裡口袋（背面）

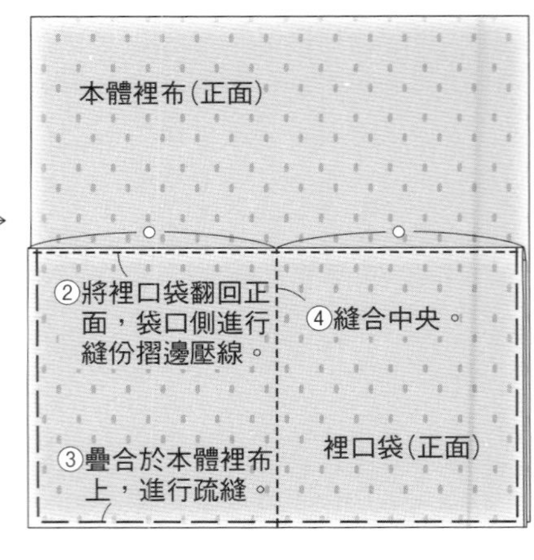

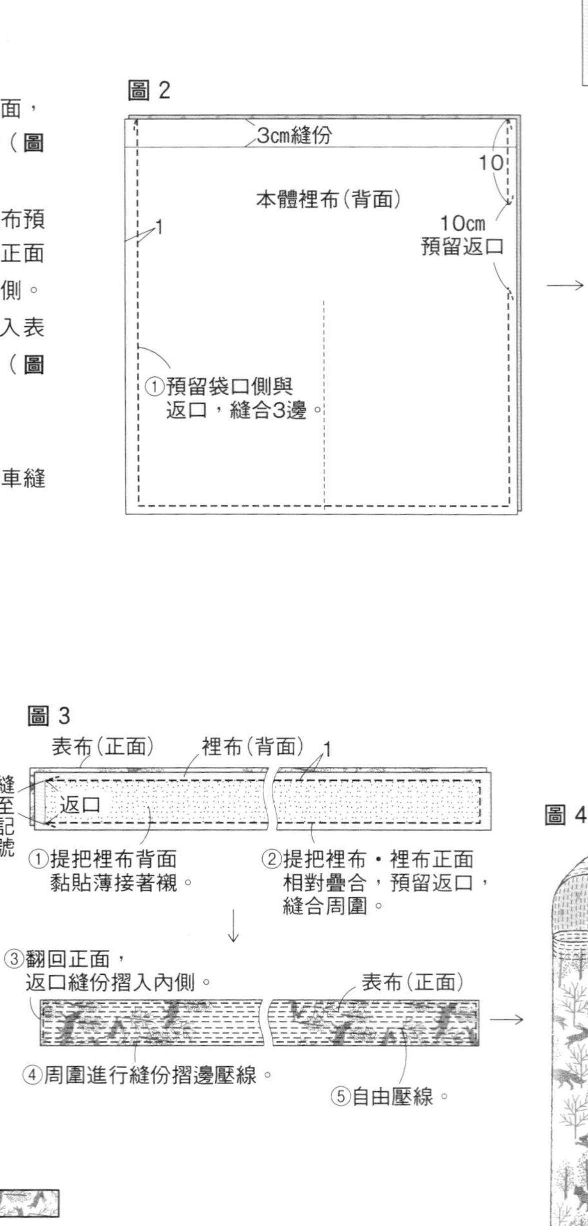

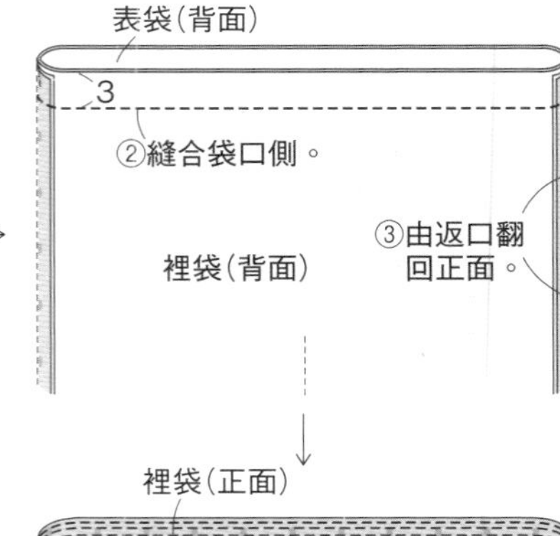

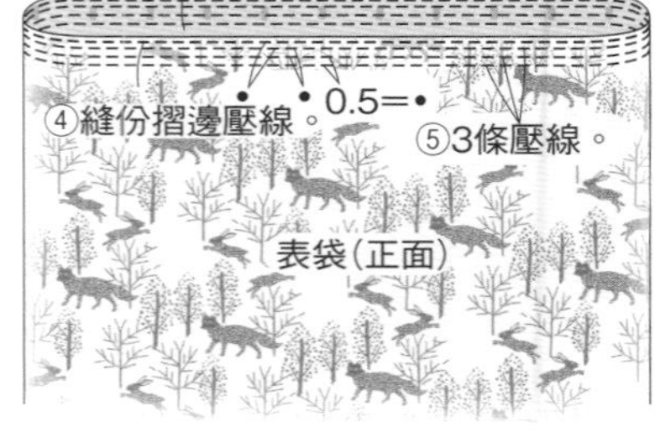

圖4

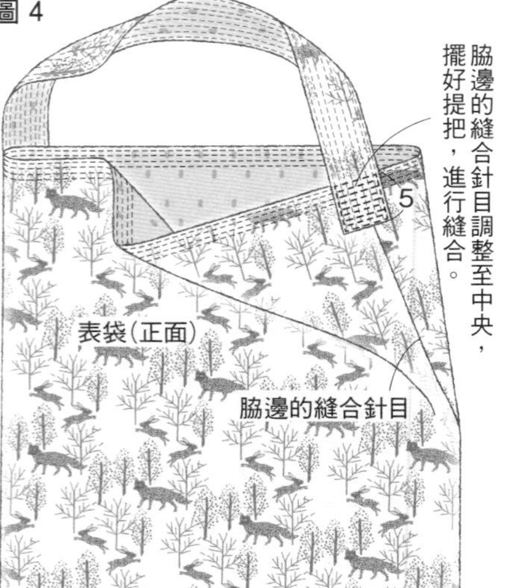

黑色短袖長版上衣

〔 完成尺寸 〕

M…胸圍112cm　衣長85cm
　袖長26cm

L…胸圍118cm　衣長88cm
　袖長27cm

＊使用紙型（A面）

前衣身　後衣身　衣袖　口袋布

領口布依裁布圖尺寸直接裁剪。

〔 材料 〕

表布　棉麻條紋印花布
　…寬110cm 240cm

〔 裁剪要點 〕

使用條紋印花布，希望下襬與袖口有圖案，因此衣身、衣袖皆以橫布裁剪。

〔 作法 〕

＊肩部、脇邊、下襬、袖下、袖口、口袋布的袋口縫份，皆事先進行Z字形車縫（或鎖邊車縫）。

1 縫合肩部。前衣身與後衣身的肩部正面相對疊合，縫合後燙開縫份。

2 縫合領口布。→p.69

3 組裝衣袖。→圖1

4 接續縫合袖下至脇邊。→p.69
縫合時預留袋口，由袖口縫至開衩處為止。

5 製作口袋。→p.69

6 處理下襬、開衩處。→圖2

7 摺疊袖口縫份，進行壓線。
→作法順序

作法順序

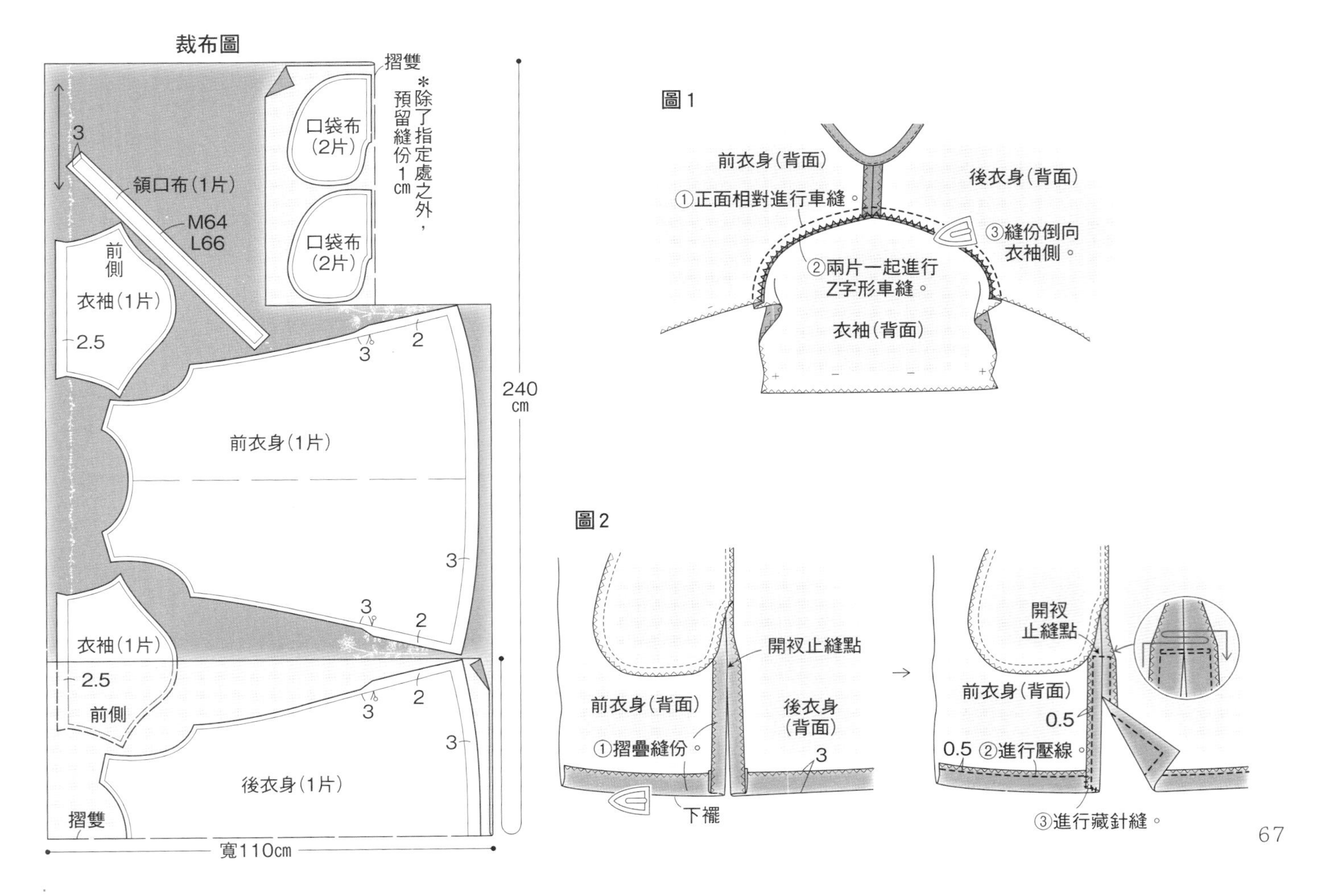

拉克蘭袖長版上衣

〔 **完成尺寸** 〕

M…胸圍109cm　衣長94cm
　肩線與袖長約62.5cm
L…胸圍115cm　衣長97cm
　肩線與袖長約65.5cm

＊使用紙型（A面）

前衣身　後衣身　前衣袖　後衣袖　口袋布
領口布與袖口貼邊依裁布圖尺寸直接裁剪。

〔 **材料** 〕

表布　燈芯絨印花布…寬110cm
　M250cm・L260cm

〔 **裁剪要點** 〕

燈芯絨印花布為刷毛布料。顏色因刷毛方向而看起來不一樣。因此裁布時朝著相同方向配置紙型。

〔 **作法** 〕

＊下襬、脇邊、袖下、口袋布的袋口側縫份，皆事先進行Z字形車縫（或鎖邊車縫）。

1 組裝衣袖。→**圖1**
2 縫合肩部至衣袖中央。→**圖2**
3 縫合領口布。→**圖3**
4 接續縫合袖下至脇邊。→**圖4**
5 製作口袋。→**圖5**
6 處理下襬。下襬縫份往上摺疊，進行壓線。
7 組裝袖口貼邊。以縫合領口布要領，縫合袖口貼邊後，組裝於袖口。

裁布圖

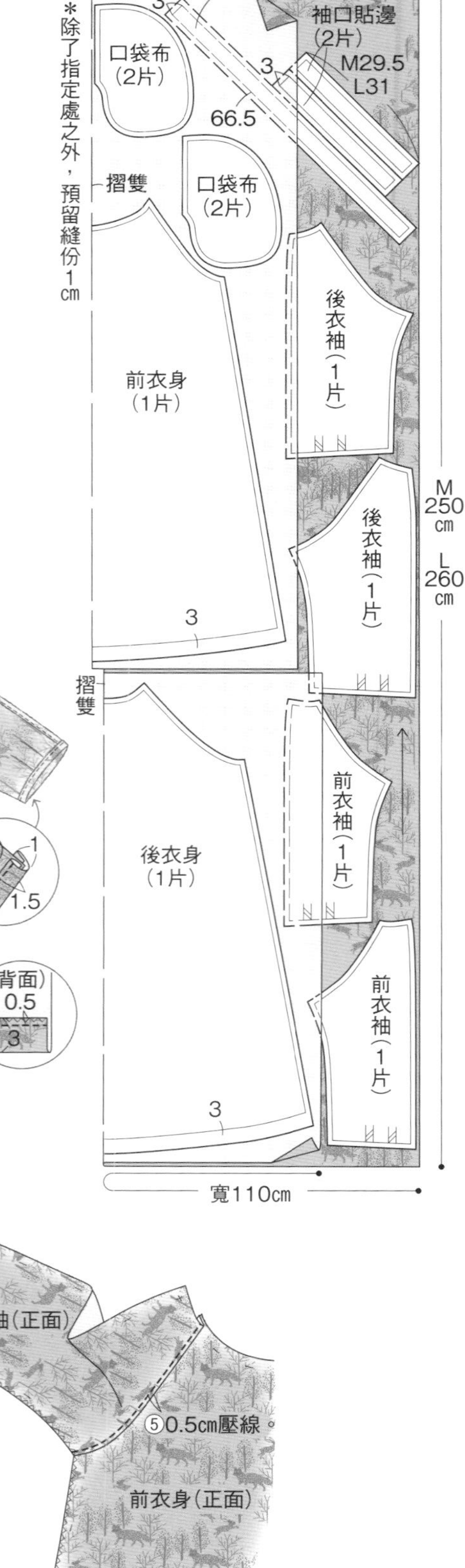

作法順序

3
2
1
7
4
5
6
(正面)
1
0.1
1.5
(背面)
0.5
3

圖1

①打褶後，進行疏縫。

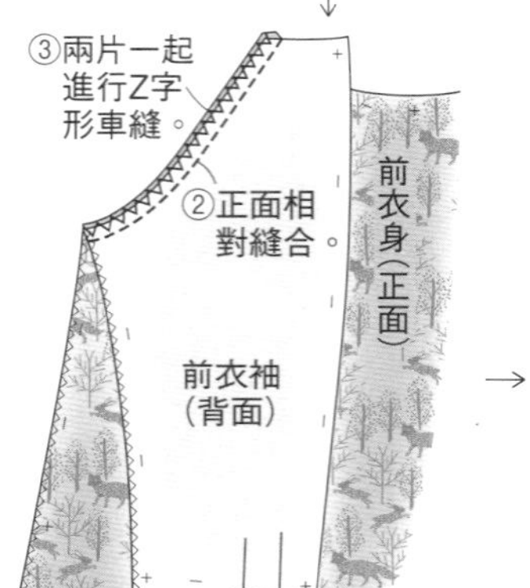

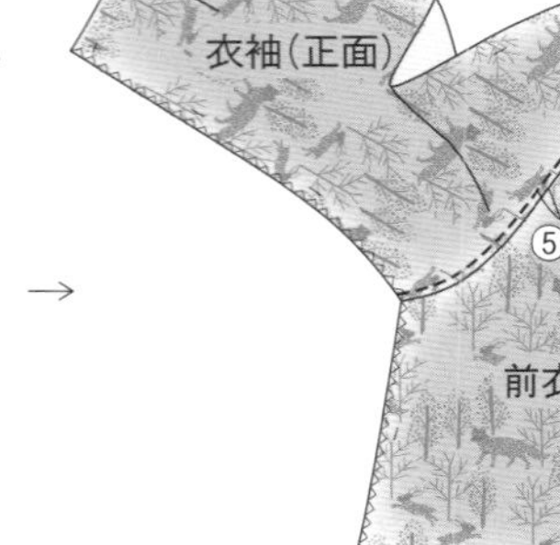

衣袖(正面)
⑤0.5cm壓線。
前衣身(正面)

＊後衣身與後衣袖以相同作法縫合。

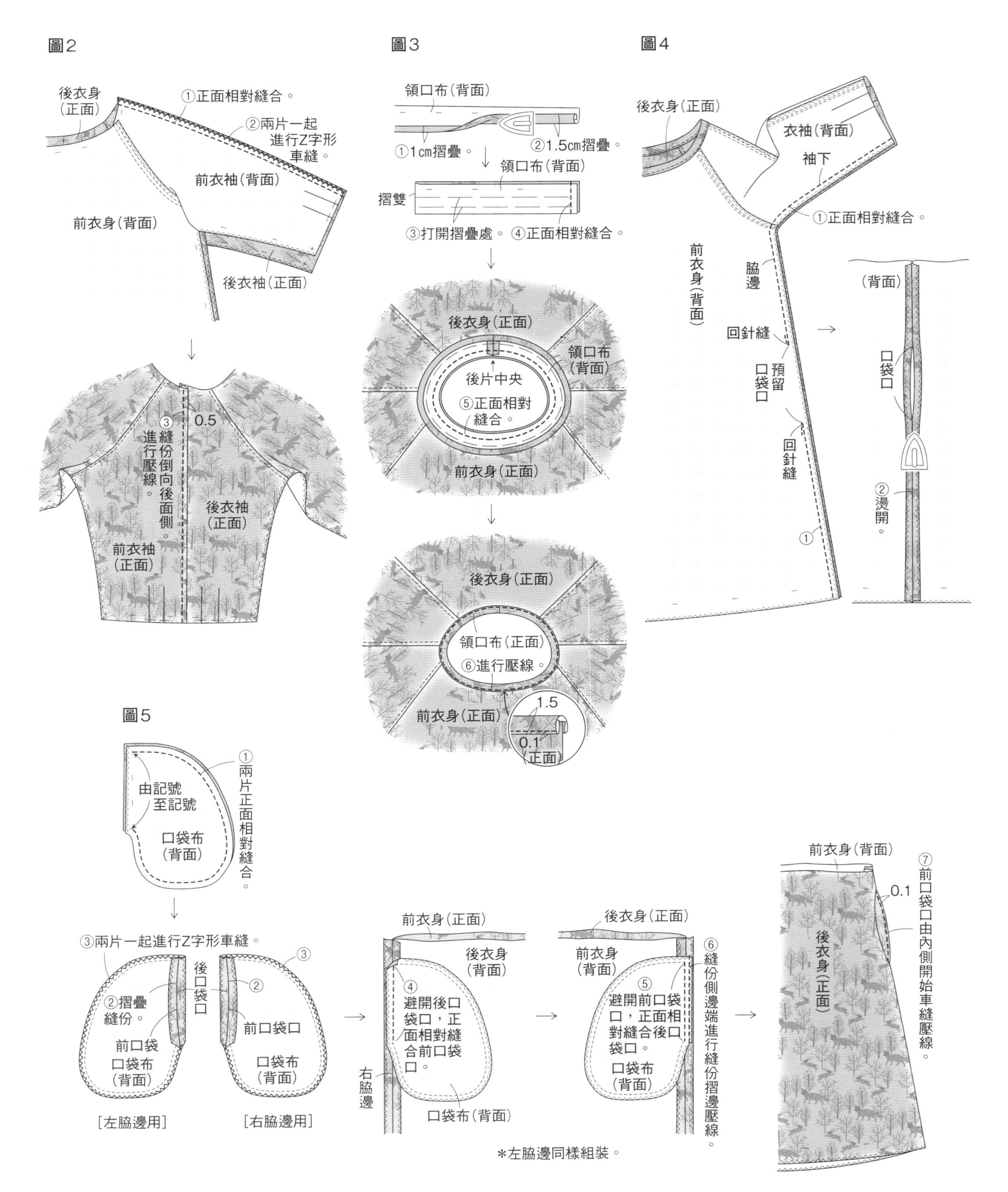
圖2
後衣身(正面)
①正面相對縫合。
②兩片一起進行Z字形車縫。
前衣袖(背面)
前衣身(背面)
後衣袖(正面)
③縫份倒向後面側。進行壓線。
0.5
後衣袖(正面)
前衣袖(正面)
圖3
領口布(背面)
①1cm摺疊。
②1.5cm摺疊。
領口布(背面)
摺雙
③打開摺疊處。
④正面相對縫合。
後衣身(正面)
領口布(背面)
後片中央
⑤正面相對縫合。
前衣身(正面)
後衣身(正面)
領口布(正面)
⑥進行壓線。
前衣身(正面)
1.5
0.1
(正面)
圖4
後衣身(正面)
衣袖(背面)
袖下
①正面相對縫合。
前衣身(背面)
脇邊
回針縫
預留口袋口
回針縫
①
(背面)
口袋口
②燙開。
圖5
①兩片正面相對縫合。
由記號至記號
口袋布(背面)
③兩片一起進行Z字形車縫。
③
②摺疊縫份。
後口袋口
②
前口袋口
口袋布(背面)
前口袋口
口袋布(背面)
[左脇邊用]
[右脇邊用]
前衣身(正面)
後衣身(背面)
④避開後口袋口,正面相對縫合前口袋口。
右脇邊
口袋布(背面)
後衣身(正面)
前衣身(背面)
⑤避開前口袋口,正面相對縫合後口袋口。
口袋布(背面)
⑥縫份側邊端進行縫份摺邊壓線。
*左脇邊同樣組裝。
前衣身(背面)
0.1
後衣身(正面)
⑦前口袋口由內側開始車縫壓線。

刺繡雪花圖案長版背心（C）·格紋背心（A）·草綠色背心（B）

〔完成尺寸〕

M…胸圍100cm
　衣長A72・B80・C89cm
L…胸圍106cm
　衣長A75・B83・C92cm

＊使用紙型（A面）

前衣身　後衣身　前領口裡側貼邊
後領口裡側貼邊　前衣袖裡側貼邊　後衣袖裡側貼邊

原寸紙型的前衣身、後衣身下襬線即A的衣長。B、C請參照裁布圖，M尺寸、L尺寸皆相同，B的前衣身、後衣身加長8cm，C的前片加長14cm，後片加長17cm，請依此製作紙型。

〔材料〕

表布　A　格紋圖案毛料…140cm寬
　　M140cm・L150cm
　B　淺綠色棉布
　　…寬110cm　180cm
　C　藍色麻布…寬140cm
　　M190cm・L200cm

接著襯　90cm　寬35cm

25號繡線　白色…適量（僅C部分）

〔作法要點〕

A、B只有衣長不同，作法相同。C縫法基本上與A、B相同，但領口壓線、衣袖與開衩的處理方式不同，領口前中央與開衩止縫點加上刺繡圖案。

〔作法〕

＊裡側貼邊背面分別黏貼接著襯。

＊肩部、脇邊、下襬、裡側貼邊的外圍縫份，皆分別進行Z字形車縫（或鎖邊車縫）。

1 縫合肩部。前衣身與後衣身正面相對疊合，縫合後燙開縫份。

2 縫合領口。→圖1

3 縫合脇邊。前衣身與後衣身的脇邊正面相對疊合，縫合脇邊至開衩的止縫點，燙開縫份。

4 縫合袖襬。→圖2

5 處理開衩處與下襬。→圖3

6 僅C部分的領口前中央與開衩處的止縫點進行刺繡。原寸圖案與針目刺繡方法請參照紙型A面。

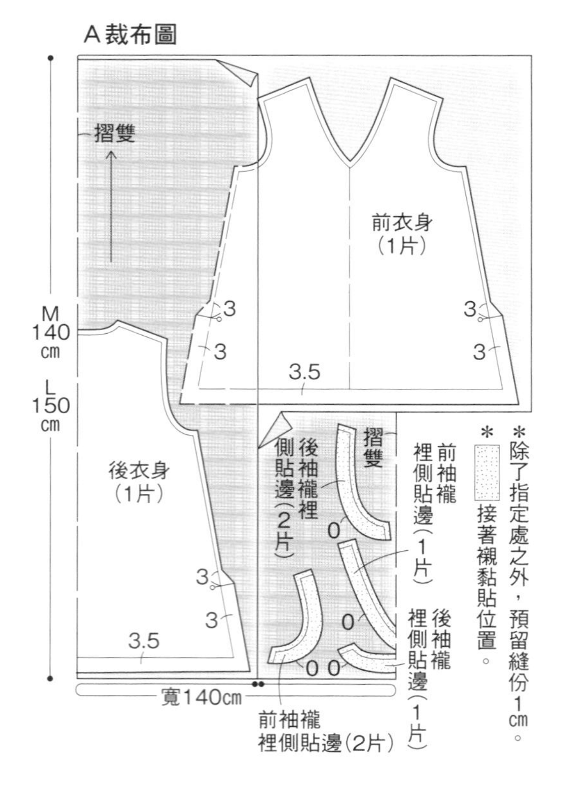

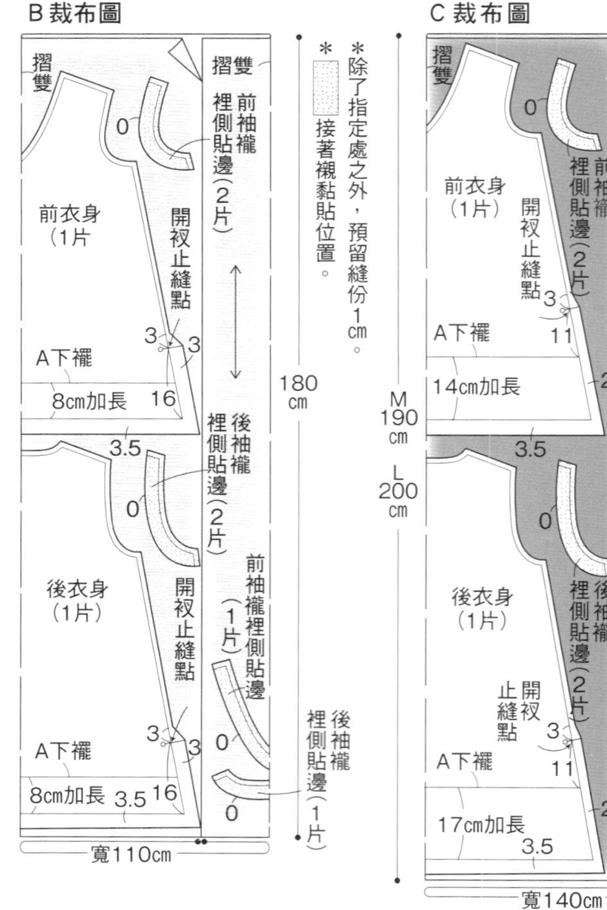

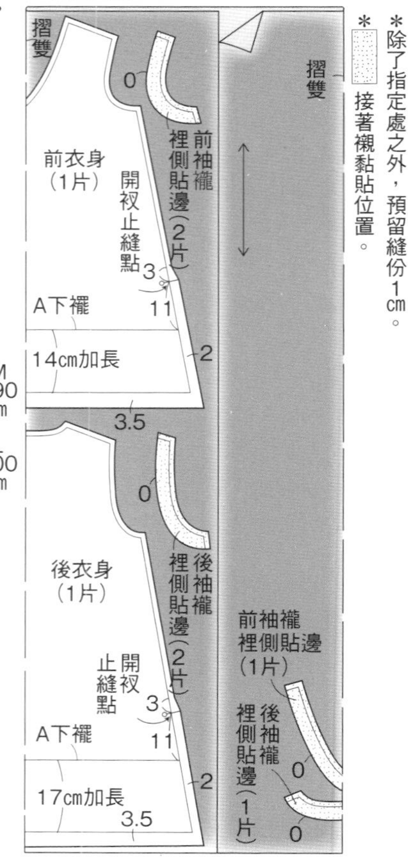

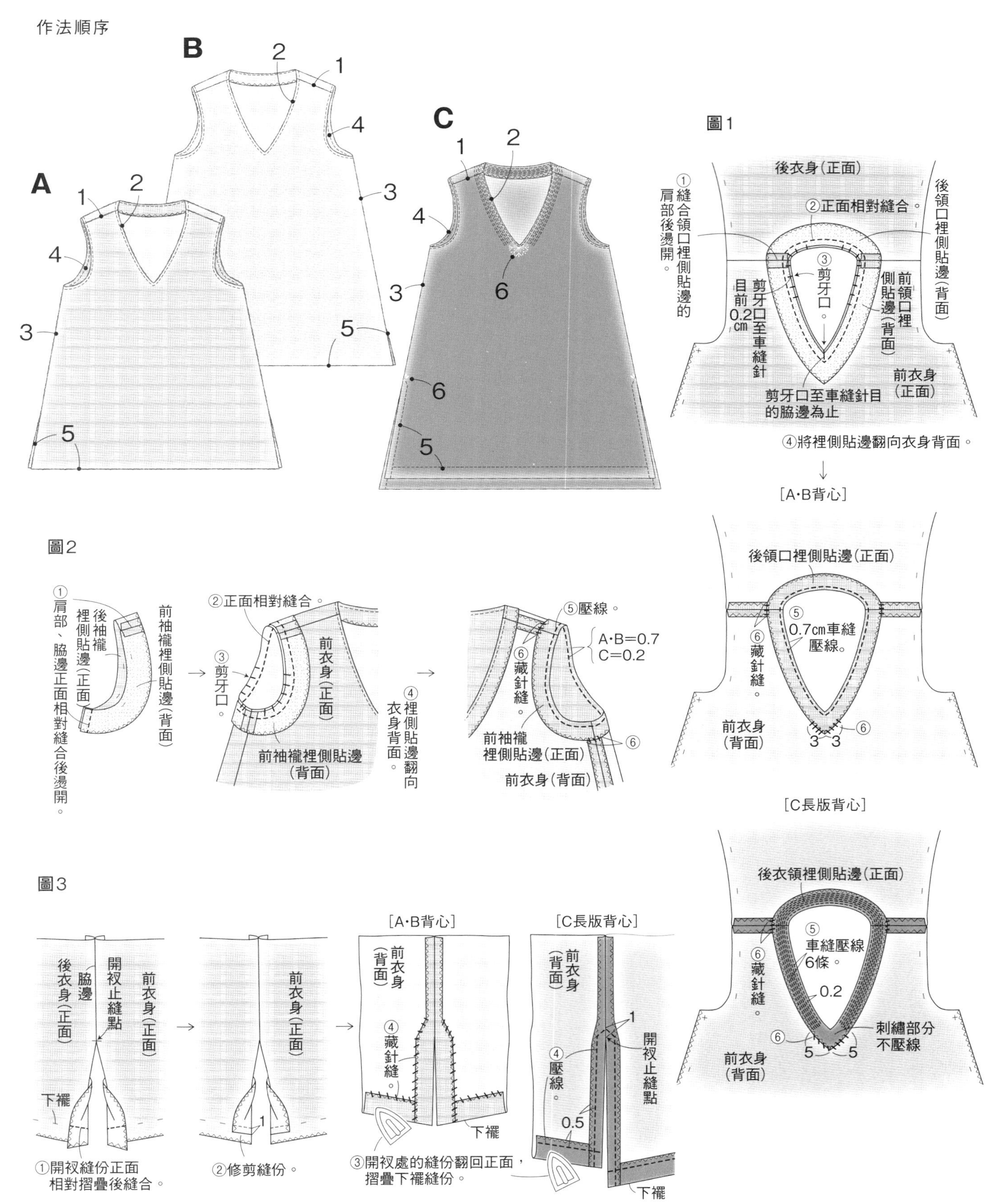
作法順序
A
B
C
1
2
3
4
5
6
圖1
後衣身(正面)
①縫合領口裡側貼邊的肩部後燙開。
②正面相對縫合。
後領口裡側貼邊(背面)
③剪牙口。
剪牙口至車縫針目前0.2cm
前領口裡側貼邊(背面)
前衣身(正面)
剪牙口至車縫針目的脇邊為止
④將裡側貼邊翻向衣身背面。
[A‧B背心]
後領口裡側貼邊(正面)
⑤0.7cm車縫壓線。
⑥藏針縫。
前衣身(背面)
3
3
[C長版背心]
後衣領裡側貼邊(正面)
⑤車縫壓線6條。
⑥藏針縫。
0.2
刺繡部分不壓線
前衣身(背面)
5
5
圖2
①肩部、脇邊正面相對縫合後燙開。
後袖襱裡側貼邊(正面)
前袖襱裡側貼邊(背面)
②正面相對縫合。
③剪牙口。
前衣身(正面)
前袖襱裡側貼邊(背面)
④裡側貼邊翻向衣身背面。
⑤壓線。
A‧B=0.7
C=0.2
⑥藏針縫。
前袖襱裡側貼邊(正面)
前衣身(背面)
圖3
後衣身(正面)
脇邊
開衩止縫點
前衣身(正面)
下襬
①開衩縫份正面相對摺疊後縫合。
前衣身(正面)
1
②修剪縫份。
[A‧B背心]
前衣身(背面)
④藏針縫。
下襬
③開衩處的縫份翻回正面，摺疊下襬縫份。
[C長版背心]
前衣身(背面)
1
④壓線。
開衩止縫點
0.5
下襬

短版背心

〔 完成尺寸 〕

M…胸圍101cm 衣長62cm

L…胸圍107cm 衣長65cm

＊使用紙型（B面）

前衣身 後衣身 前領口裡側貼邊

後領口裡側貼邊 前袖襱・脇邊裡側貼邊

後袖襱・脇邊裡側貼邊

絆帶依裁布圖尺寸直接裁剪。

〔 材料 〕

表布 帶白斑點的灰色棉布

…寬110cm M120cm・L130cm

別布A 平織棉布…寬110cm 40cm

別布B 先染棉布…10×10cm

薄接著襯 寬90cm 50cm

〔 作法 〕

＊裡側貼邊背面分別黏貼接著襯。

＊肩部、下襬縫份進行Z字形車縫（或鎖邊車縫）。

1 縫合肩部。→**圖1**

2 縫合領口。→**圖2**

3 製作絆帶。→**圖3**

4 夾入絆帶，縫合脇邊至袖襱。→**圖4**

5 下襬縫份進行藏針縫。

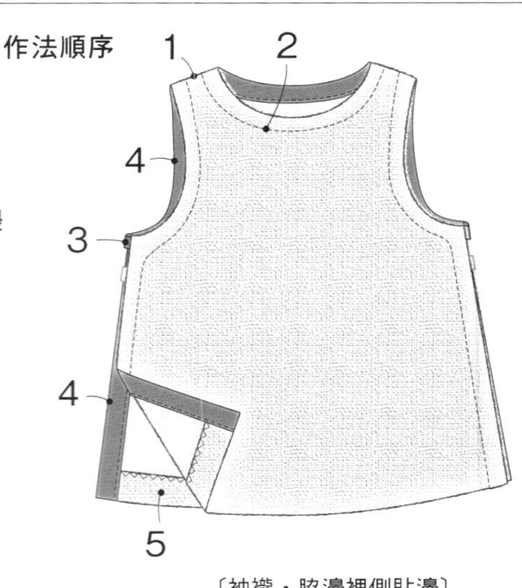

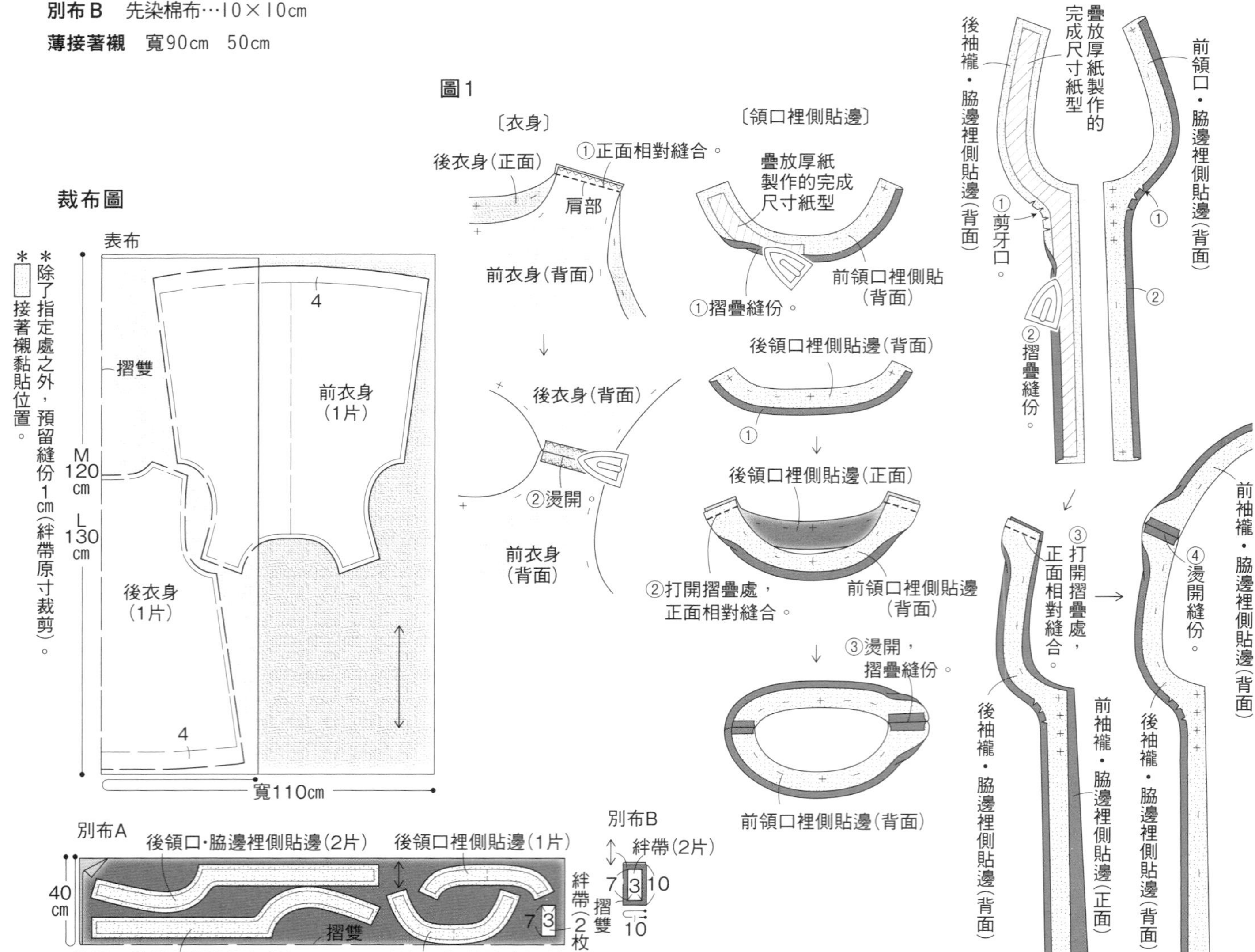

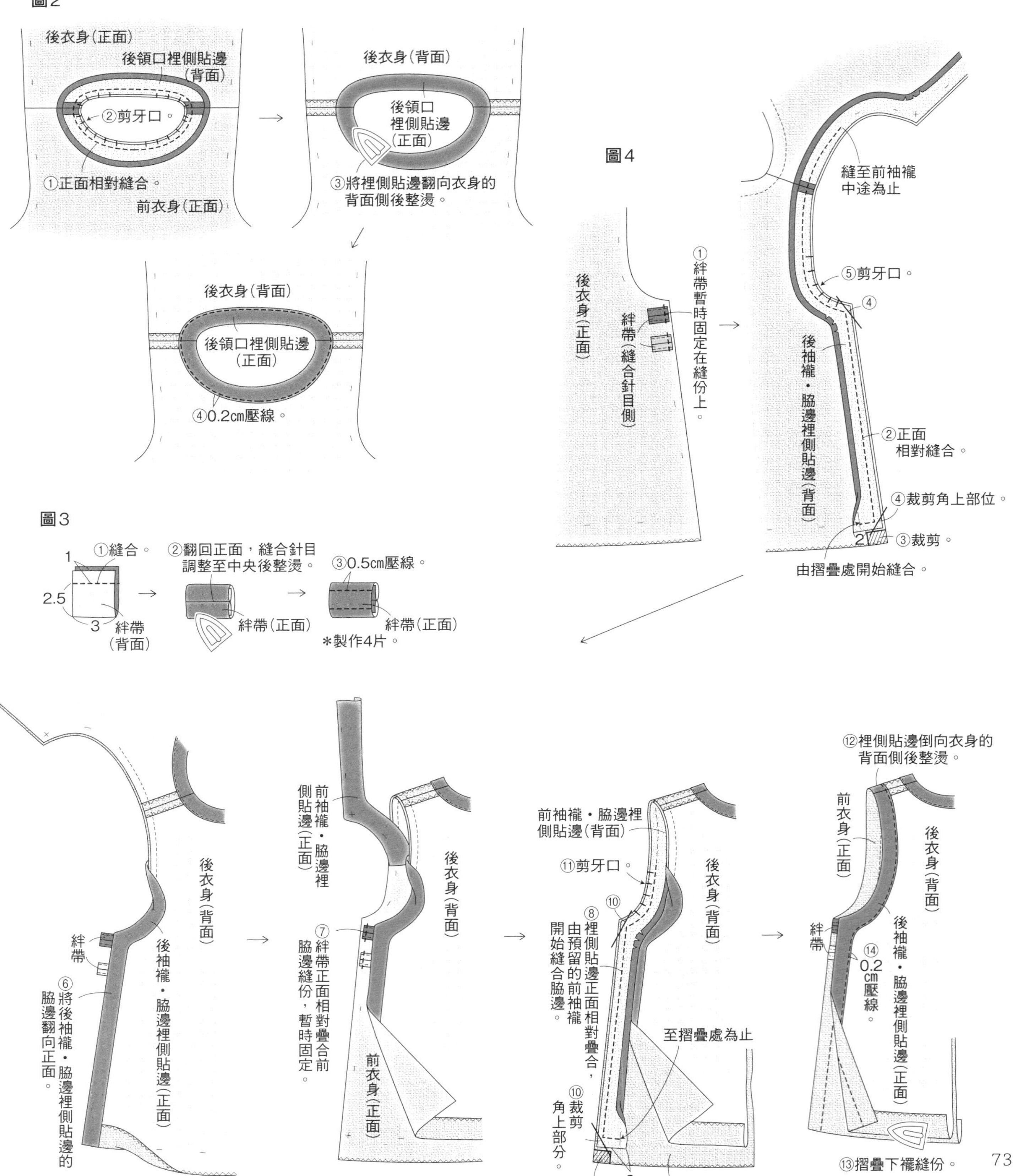

圖2
後衣身(正面)
後領口裡側貼邊
(背面)
②剪牙口。
①正面相對縫合。
前衣身(正面)
後衣身(背面)
後領口
裡側貼邊
(正面)
③將裡側貼邊翻向衣身的
背面側後整燙。
後衣身(背面)
後領口裡側貼邊
(正面)
④0.2㎝壓線。
圖3
①縫合。
1
2.5
3
絆帶
(背面)
②翻回正面，縫合針目
調整至中央後整燙。
絆帶(正面)
③0.5㎝壓線。
絆帶(正面)
＊製作4片。
圖4
後衣身(正面)
絆帶(縫合針目側)
①絆帶暫時固定在縫份上。
縫至前袖襱
中途為止
⑤剪牙口。
④
後袖襱・脇邊裡側貼邊(背面)
②正面
相對縫合。
④裁剪角上部位。
2
③裁剪。
由摺疊處開始縫合。
絆帶
⑥將後袖襱・脇邊翻向正面。
後袖襱・脇邊裡側貼邊(正面)
後衣身(背面)
前袖襱・脇邊裡側貼邊(正面)
⑦絆帶正面相對疊合前脇邊縫份，暫時固定。
後衣身(背面)
前衣身(正面)
前袖襱・脇邊裡
側貼邊(背面)
⑪剪牙口。
⑩
⑧裡側貼邊正面相對疊合，由預留的前袖襱開始縫合脇邊。
後衣身(背面)
至摺疊處為止
⑩裁剪角上部分。
2
⑨裁剪。
前衣身(正面)
⑫裡側貼邊倒向衣身的
背面側後整燙。
前衣身(正面)
後衣身(背面)
絆帶
⑭0.2㎝壓線。
後袖襱・脇邊裡側貼邊(正面)
⑬摺疊下襬縫份。

八分褲

〔 **完成尺寸** 〕

M…臀圍100cm　褲長高79cm

L…臀圍106cm　褲長高82cm

＊使用紙型（D面）

前片 後片 口袋口裡側貼邊

口袋脇邊布

〔 **材料** 〕

表布　麻料…寬140cm　M130cm・L140cm

鬆緊帶　寬3cm　適量

〔 **作法** 〕

＊脇邊・胯下、口袋口裡側貼邊的口袋口與腰部縫份、口袋脇邊布的腰部以外縫份，事先進行Z字形車縫（或鎖邊車縫）。

1 製作口袋。→**圖1**

2 縫合脇邊。→**圖2**

3 縫合胯下。→**圖3**

4 處理下襬。→**圖4**

5 縫合褲襠。→**圖5**

6 處理腰部。→**圖6**

7 將鬆緊帶穿入腰部。試穿後決定鬆緊帶長度，端部疊合2至3cm後縫合固定。

作法順序

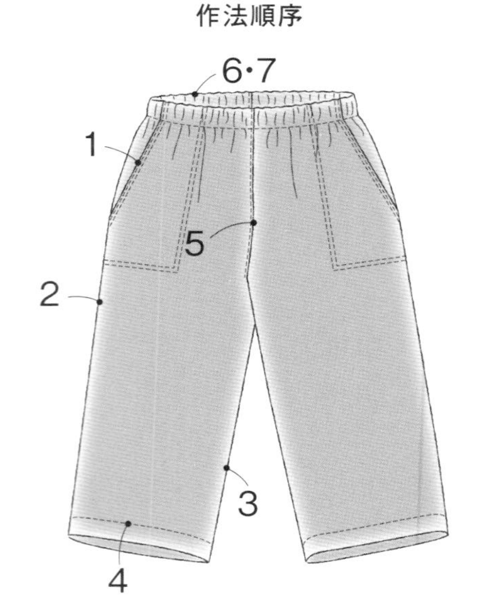

裁布圖

＊除了指定處之外，預留縫份1cm。

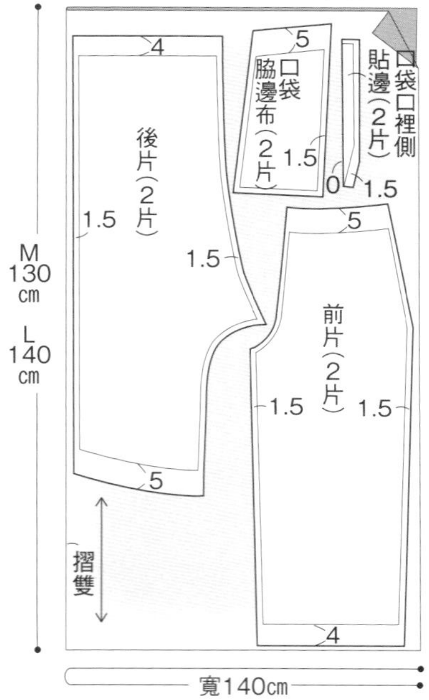

圖1

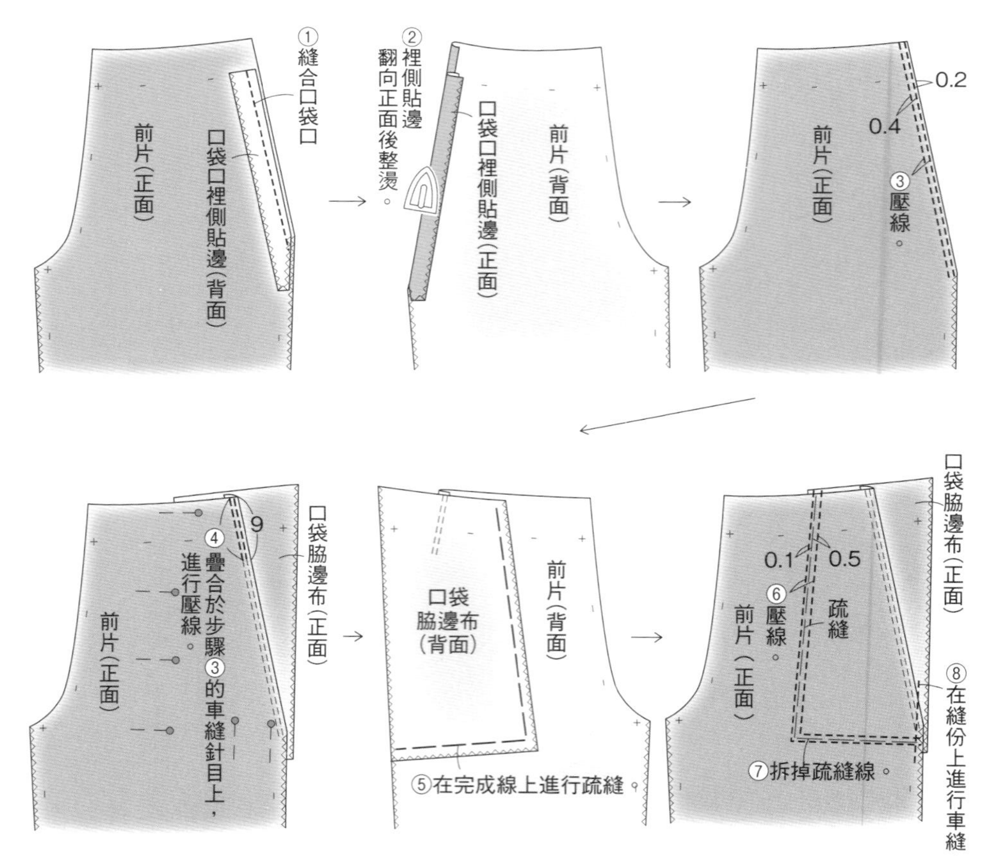

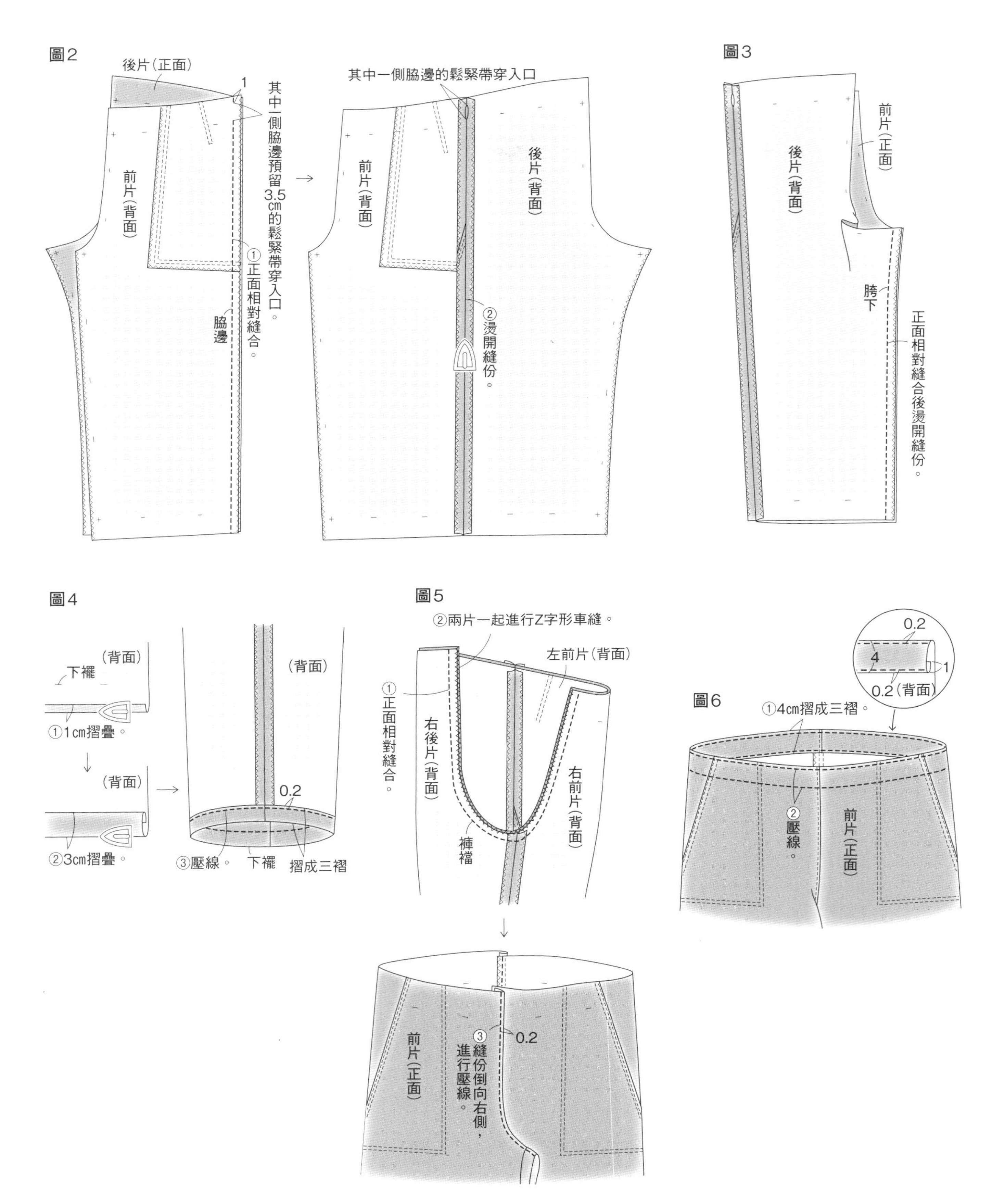
圖2
後片(正面)
1
其中一側脇邊預留3.5cm的鬆緊帶穿入口
前片(背面)
①正面相對縫合。
脇邊
其中一側脇邊的鬆緊帶穿入口
前片(背面)
後片(背面)
②燙開縫份。
圖3
前片(正面)
後片(背面)
胯下
正面相對縫合後燙開縫份。
圖4
(背面)
下襬
①1cm摺疊。
(背面)
②3cm摺疊。
(背面)
0.2
③壓線。
下襬
摺成三褶
圖5
②兩片一起進行Z字形車縫。
左前片(背面)
①正面相對縫合。
右後片(背面)
右前片(背面)
褲襠
前片(正面)
③縫份倒向右側，進行壓線。
0.2
圖6
0.2
4
1
0.2(背面)
①4cm摺成三褶。
②壓線。
前片(正面)

三角飯糰包

〔 完成尺寸 〕

寬32cm 高30.5cm 袋底寬11cm

＊紙型 D面

〔 材料 〕

棉布

花布Ⓐ…110cm寬 55cm
（本體後片表布、表口袋A・B表布、側身、提把表布、拉鍊的脇邊布表布、袋口側的斜布條）

花布Ⓑ…寬110cm 85cm
（本體前・後片裡布、表口袋A・B裡布、側身、提把裡布、拉鍊的脇邊布裡布、裡口袋、釦絆）

薄接著襯 13×5cm（釦絆）

中厚接著襯 70×22cm（側身・提把）

拉鍊 芥末色…長20cm 1條

蠟繩 橄欖色…直徑0.3cm 適量

串珠 綠色…直徑0.7cm 長2cm
（穿在蠟繩上）2顆

按釦 白色…直徑1.2cm 1組

裁布圖 ＊縫合表口袋A・B、拉鍊的脇邊布，完成本體前片表布。

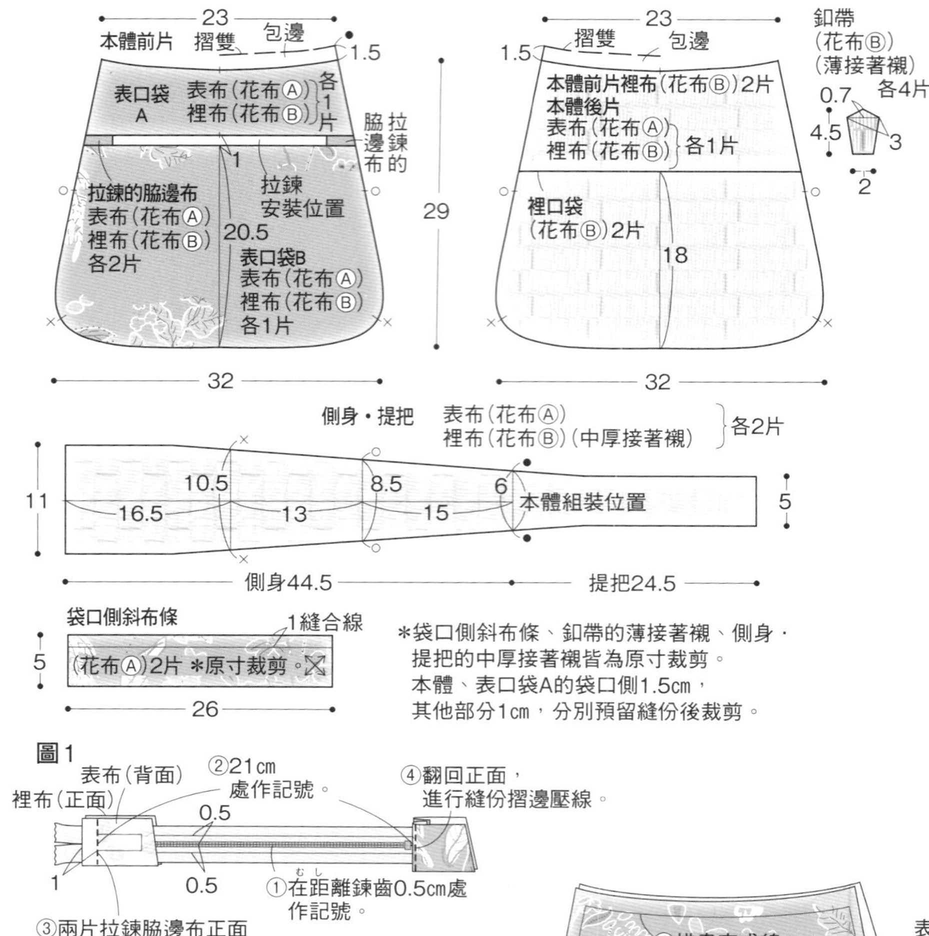

圖2
表口袋A裡布（背面）
表口袋A表布（正面）
②翻回正面，進行縫份摺邊壓線。
①兩片表口袋A正面相對疊合，夾縫拉鍊的上邊。

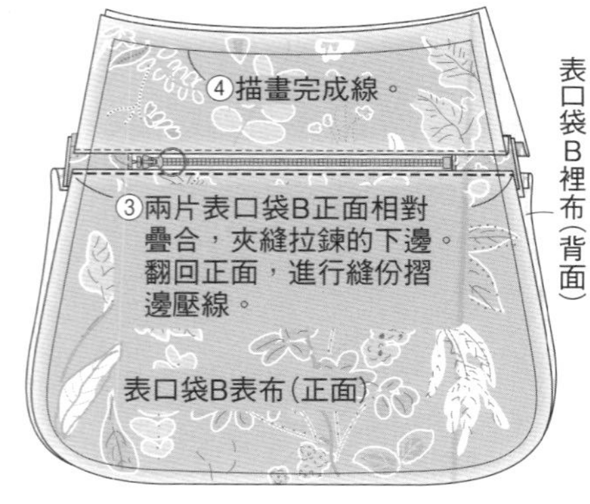

圖3
②疊合本體前片裡布，4片一起進行疏縫。
表口袋B表布（正面）
表口袋B裡布（正面）
①疊合本體前片裡布，在完成線外側進行疏縫。
本體前片裡布（正面）

〔 作法 〕

1 縫合拉鍊與拉鍊脇邊布（**圖1**）。

2 縫合表口袋A・B與步驟**1**，完成本體前片表布（**圖2**）。

3 兩片本體前片裡布背面相對，進行疏縫。疊合本體前片表布，周圍進行疏縫固定（圖3）。完成本體前片。（**圖3**）。

4 製作裡口袋，縫合固定於本體後片裡布上。與表布背面相對疊合，周圍進行疏縫（**圖4**）。完成本體後片。

5 製作2片釦絆（**圖5**）。

6 本體前片與後片皆夾入釦絆，以斜布條包覆處理袋口側（**圖6**）。

7 側身・提把裡布分別黏貼接著襯。裡布、表布分別縫合成圈（**圖7**）。

8 側身・提把表布與裡布正面相對，夾入本體前片後，繞縫一圈。接著將側身、提把表布的另一邊與本體後片正面相對疊合，縫合本體部分（●至●為止）（**圖8**）。

9 朝著完成線摺疊側身・提把裡布後，縫在本體裡布後片與提把表布上。翻回正面，側身與提把部分進行縫份摺邊壓線（**圖9**）。

10 釦帶部分以尖錐鑽孔後，安裝按釦。（**圖10**）。

11 拉鍊的拉片加上串珠裝飾（**圖11**）。

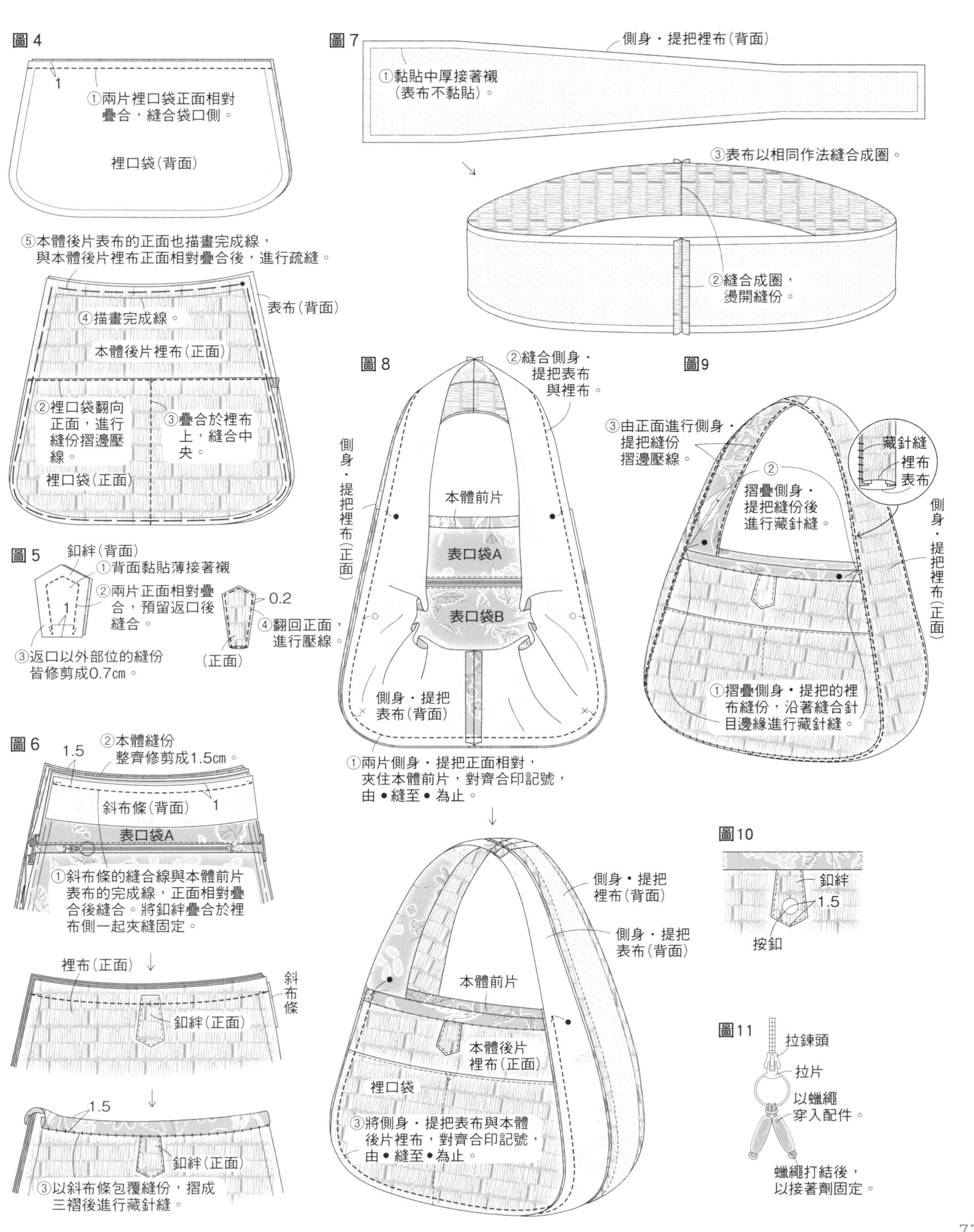
圖 4
1
①兩片裡口袋正面相對疊合，縫合袋口側。
裡口袋(背面)
⑤本體後片表布的正面也描畫完成線，與本體後片裡布正面相對疊合後，進行疏縫。
表布(背面)
④描畫完成線。
本體後片裡布(正面)
②裡口袋翻向正面，進行縫份摺邊壓線。
③疊合於裡布上，縫合中央。
裡口袋(正面)
圖 5
釦絆(背面)
①背面黏貼薄接著襯
②兩片正面相對疊合，預留返口後縫合。
1
③返口以外部位的縫份皆修剪成0.7cm。
0.2
④翻回正面，進行壓線。
(正面)
圖 6
1.5
②本體縫份整齊修剪成1.5cm。
斜布條(背面)
1
表口袋A
①斜布條的縫合線與本體前片表布的完成線，正面相對疊合後縫合。將釦絆疊合於裡布側一起夾縫固定。
裡布(正面)
斜布條
釦絆(正面)
1.5
釦絆(正面)
③以斜布條包覆縫份，摺成三褶後進行藏針縫。
圖 7
側身・提把裡布(背面)
①黏貼中厚接著襯(表布不黏貼)。
③表布以相同作法縫合成圈。
②縫合成圈，燙開縫份。
圖 8
②縫合側身・提把表布與裡布。
側身・提把裡布(正面)
本體前片
表口袋A
表口袋B
側身・提把表布(背面)
①兩片側身・提把正面相對，夾住本體前片，對齊合印記號，由●縫至●為止。
側身・提把裡布(背面)
側身・提把表布(背面)
本體前片
本體後片裡布(正面)
裡口袋
③將側身・提把表布與本體後片裡布，對齊合印記號，由●縫至●為止。
圖9
③由正面進行側身・提把縫份摺邊壓線。
②摺疊側身・提把縫份後進行藏針縫。
藏針縫
裡布
表布
側身・提把裡布(正面)
①摺疊側身・提把的裡布縫份，沿著縫合針目邊緣進行藏針縫。
圖10
釦絆
1.5
按釦
圖11
拉鍊頭
拉片
以蠟繩穿入配件。
蠟繩打結後，以接著劑固定。

馬爾歇包

〔 完成尺寸 〕

寬41cm 高36cm 袋底22×13cm

〔 材料 〕

棉布 深灰色
…寬110cm 45cm(本體前・後片表布)
…25×15cm(表袋底)

棉絨布 印花圖案…寬110cm 60cm
(前・後本體裡布・裡袋底・裡口袋)

薄接著襯 85×40cm(本體前・後片裡布)

厚接著襯 22×13cm(表袋底)

厚布襯(單膠) 22×13cm(裡袋底)

厚織帶 …寬3.8cm 190cm
(提把)

〔 作法 〕

1 裁剪各部分，本體前・後片裡布背面分別黏貼薄接著襯。

2 本體前・後片表布與裡布，分別背面相對疊合，處理袋口側(**圖1**)。

3 本體前・後片表布上分別組裝提把(**圖2**)。

4 製作裡口袋。參照裁布圖，疊合於本體後片裡布上，進行疏縫，由本體後片表布正面，沿著縫合針目縫合固定(**圖3**)。

5 兩條提把由中央對摺後，在12cm處縫合固定(**圖4**)。

6 縫合本體前・後片表布與表袋底(**圖5**)。

7 本體正面相對後對摺，縫合脇邊。以本體前片裡布縫份，包覆本體後片側的縫份後，摺成三褶，沿著縫合針目邊緣，以立針縫進行縫合。袋底側身由記號縫至記號為止(**圖6**)。

8 表袋底縫份倒向袋底側。製作裡袋底後，背面相對疊合於表袋底上，進行藏針縫(**圖7**)。

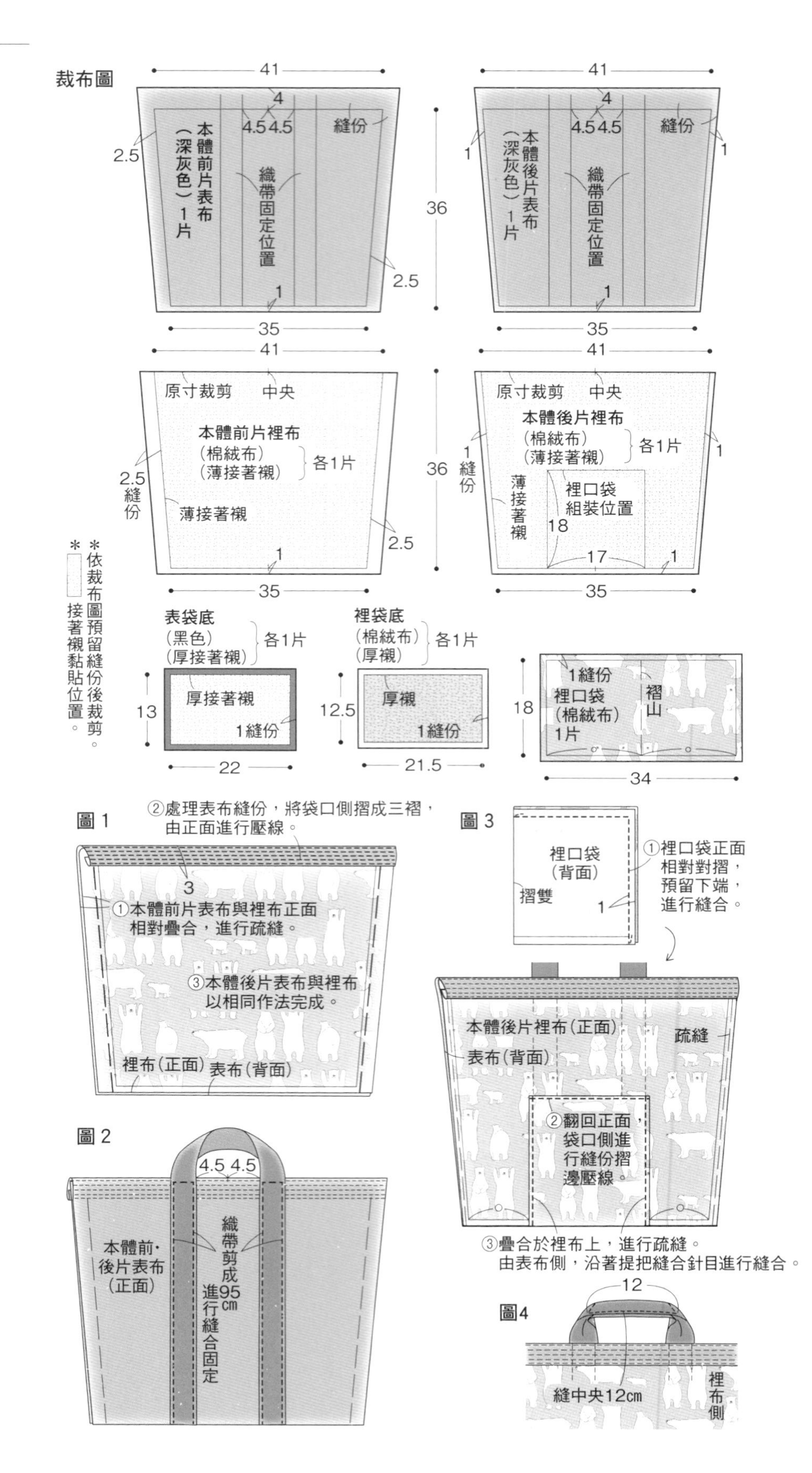

圖 5

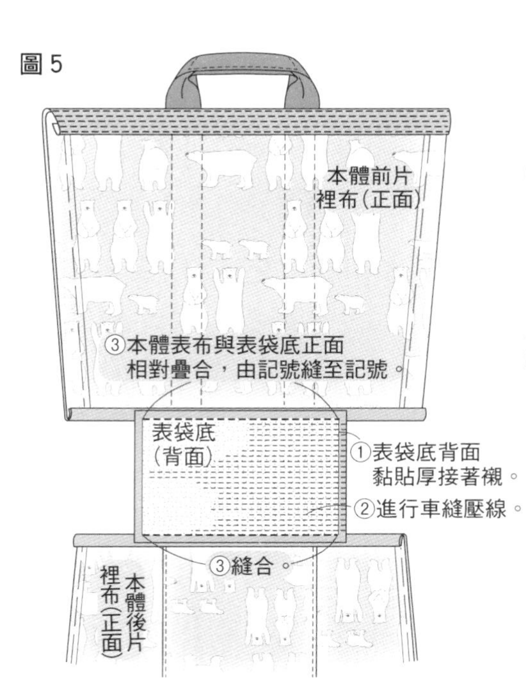

圖 6

以表布包覆

本體後片裡布(正面)

①本體前·後片正面相對疊合，由邊端至邊端，縫合脇邊。

前

後

②參照本體前片表布的袋口側以外部分。

本體前片裡布(背面)

③以本體前片縫份包覆後，進行立針縫。

④

④縫合袋底側身。

表袋底(背面)

圖 7

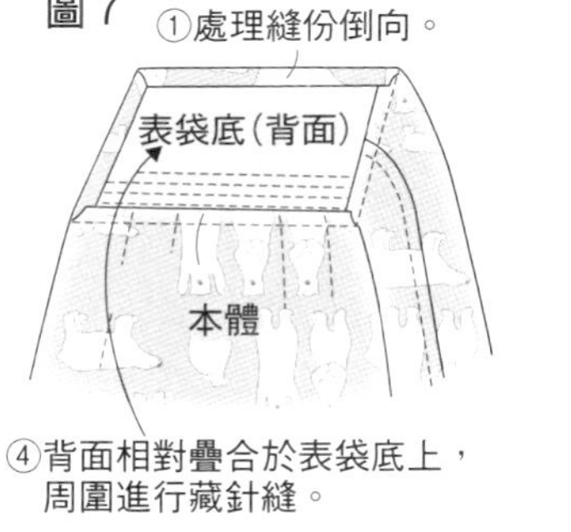

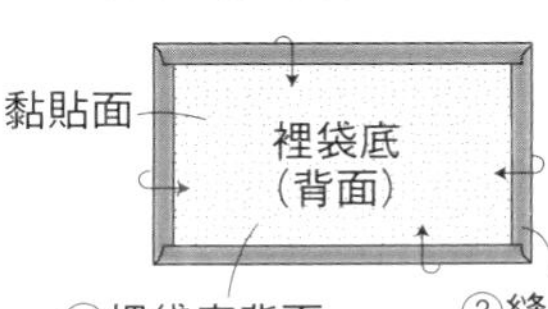

房屋造型小物

〔 完成尺寸 〕

A 寬5×5×高7cm(屋頂至地板)

B 寬5×4×高9cm

C 寬4×6×高8cm

＊紙型 C面

〔 材料 〕

棉布

花布Ⓐ…40×20cm

(前·後片、側面的表布)

花布Ⓑ…25×22cm(屋頂表布·裡布)

花布Ⓒ…20×20cm

(作品A、C的地板表布·雪景)

花布Ⓓ…20×25cm

(作品A、C的地板裡布、作品B的地板表布·裡布·煙囪)

花布Ⓔ…12×12cm(窗)

花布Ⓕ…3×5cm(作品C的門)

花布Ⓖ…3×5cm(作品B的門)

花布Ⓗ…3×5cm(作品A的門)

素色布…40×20cm(前·後片、側面的裡布)

鋪棉 55×20cm

25號繡線 黑色·灰色…各適量

繩帶 …直徑0.1cm 72cm

厚紙 5×17cm(地板襯)

棉花 適量

A裁布圖 ＊除了指定處之外，預留縫份0.7cm

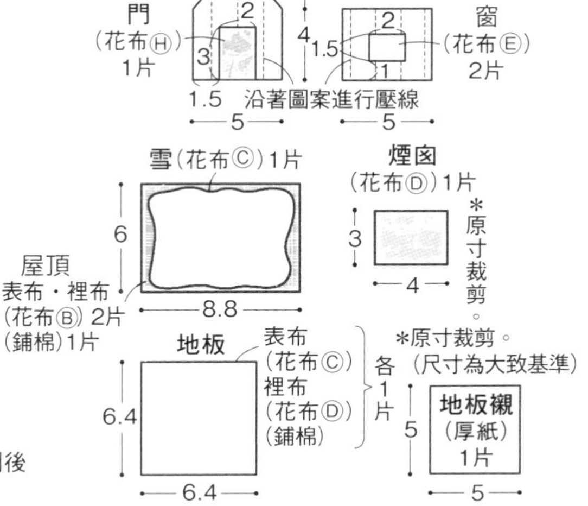

〔 作法 〕(以作品A進行說明)

1 裁剪各部位，門、窗、雪景的正面描畫完成線，前片、側面、屋頂的表布分別描畫貼布縫圖案(**圖1**)。

2 門·窗摺成完成狀態。分別完成前片表布的門貼布縫，2片側面表布的窗戶貼布縫(**圖2**)。

3 門、窗進行刺繡(**圖3**)。

4 屋頂表布縫上雪景。翻出背面，距離針目0.5cm預留縫份，挖空屋頂的表布(**圖4**)。

5 前後片的表布與裡布正面相對疊合，裡布背面疊合鋪棉，預留返口，周圍進行車縫。距離縫合針目0.1cm，裁剪周圍鋪棉(**圖5**)。

6 翻回正面，縫合返口。進行疏縫，避免三層布錯開(**圖6**)。屋頂、側面同樣進行疏縫。

7 進行壓線(**圖7**)並疏縫。

8 依圖中順序配置前後片與側面，僅挑縫表布，進行ㄈ形綴縫，縫合成圈(**圖8**)。

9 本體上疊放屋頂後進行藏針縫。由袋底側鬆鬆地塞入棉花(**圖9**)。

10 縫合地板(**圖10**)。

11 縫合本體與地板，塞入地板襯與棉花後完成(**圖11**)。

12 製作煙囪，縫在屋頂上，頂端黏貼棉花。將繩帶縫在屋頂上(**圖12**)。

＊製作B·C也參考紙型與A作法，**圖13**、**圖14**完成最後修飾。

圖 1

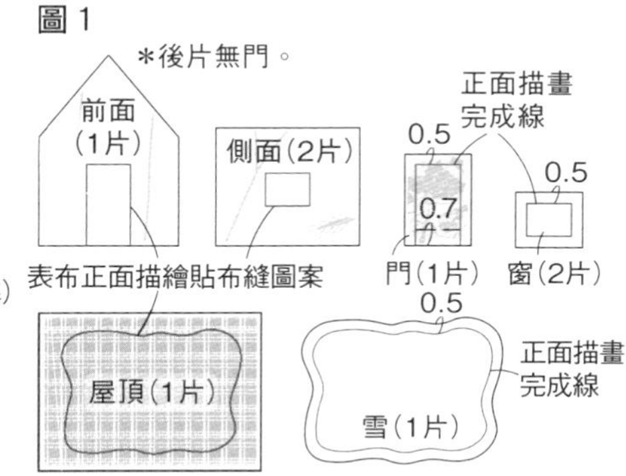

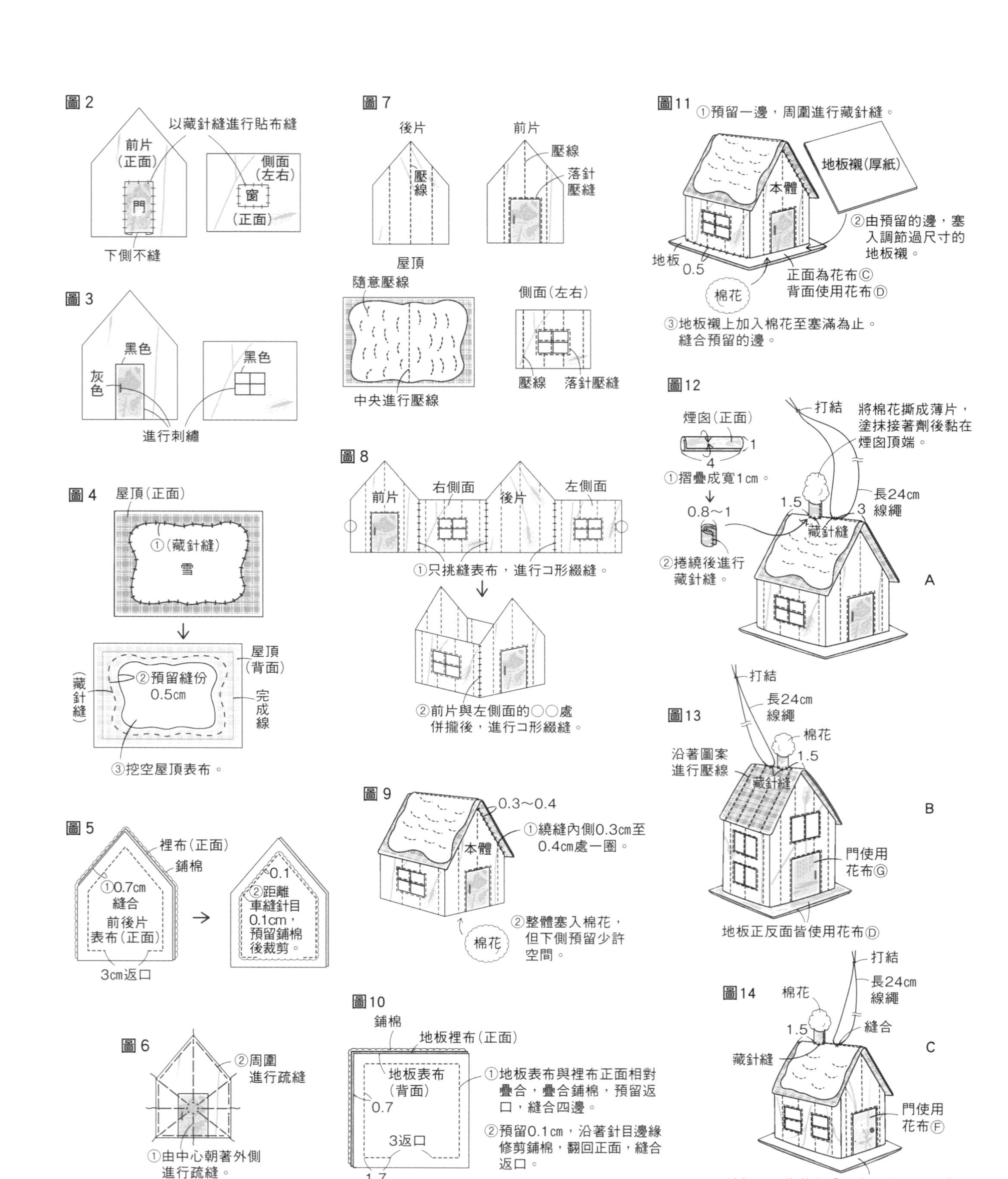
圖2
以藏針縫進行貼布縫
前片
(正面)
門
側面
(左右)
窗
(正面)
下側不縫
圖3
黑色
灰色
黑色
進行刺繡
圖4
屋頂(正面)
①(藏針縫)
雪
屋頂
(背面)
(藏針縫)
②預留縫份
0.5cm
完成線
③挖空屋頂表布。
圖5
裡布(正面)
鋪棉
①0.7cm
縫合
前後片
表布(正面)
3cm返口
0.1
②距離
車縫針目
0.1cm，
預留鋪棉
後裁剪。
圖6
②周圍
進行疏縫
①由中心朝著外側
進行疏縫。
圖7
後片
壓線
前片
壓線
落針
壓縫
屋頂
隨意壓線
中央進行壓線
側面(左右)
壓線
落針壓縫
圖8
前片
右側面
後片
左側面
①只挑縫表布，進行コ形綴縫。
②前片與左側面的○○處
併攏後，進行コ形綴縫。
圖9
0.3～0.4
本體
①繞縫內側0.3cm至
0.4cm處一圈。
棉花
②整體塞入棉花，
但下側預留少許
空間。
圖10
鋪棉
地板裡布(正面)
地板表布
(背面)
0.7
3返口
1.7
①地板表布與裡布正面相對
疊合，疊合鋪棉，預留返
口，縫合四邊。
②預留0.1cm，沿著針目邊緣
修剪鋪棉，翻回正面，縫合
返口。
圖11
①預留一邊，周圍進行藏針縫。
地板襯(厚紙)
本體
②由預留的邊，塞
入調節過尺寸的
地板襯。
地板
0.5
正面為花布Ⓒ
背面使用花布Ⓓ
棉花
③地板襯上加入棉花至塞滿為止。
縫合預留的邊。
圖12
煙囪(正面)
1
4
①摺疊成寬1cm。
0.8～1
②捲繞後進行
藏針縫。
打結
將棉花撕成薄片，
塗抹接著劑後黏在
煙囪頂端。
長24cm
線繩
1.5
3
藏針縫
A
圖13
打結
長24cm
線繩
棉花
1.5
沿著圖案
進行壓線
藏針縫
B
門使用
花布Ⓖ
地板正反面皆使用花布Ⓓ
圖14
棉花
打結
長24cm
線繩
縫合
1.5
藏針縫
C
門使用
花布Ⓕ
地板正面為花布 Ⓒ，背面使用花布Ⓓ

領結圖案收納盒

〔 **完成尺寸** 〕

寬17cm　高6cm　側身高4.4cm

＊紙型　C面

〔 **材料** 〕

棉布

花布Ⓐ…20×8cm（本體袋底表布）

花布Ⓑ…15×7cm（本體後片側身表布）

花布Ⓒ…45×25cm（本體上面內側表布、裡袋底表布・本體後片側身裡布・本體側面裡布）

花布Ⓓ…15×15cm（口袋的袋口側斜布條・吊耳）

素色布…25×20cm（胚布）

零碼布片數種…各適量（拼接）

薄紗　10×8cm（裡口袋）

鋪棉　45×30cm

薄接著襯　20×15cm

雙面接著襯　20×15cm

拉鍊　灰色…長30cm　1本

〔 **作法** 〕

1 縫合布片ⓐ與ⓑ，完成10片正方形圖案（**圖1**）。

2 縫合步驟**1**與布片ⓒ，完成上面表布。疊合胚布、鋪棉、上面表布，進行3層疏縫後，進行車縫壓線。拆掉周圍以外的疏縫線。本體袋底疊合3層後，進行疏縫、壓線（**圖2**）。

3 在拉鍊上作記號。拼接、製作本體側面表布。夾入拉鍊，縫合本體側面裡布・表布、鋪棉。翻回正面，進行縫份摺邊壓線後，進行疏縫。進行壓線，拆掉周圍以外的疏縫線（**圖3**）。

4 製作吊耳（**圖4**）。縫合本體側面與後片側身，縫成筒狀（**圖5**）。

5 本體側面與後片側身縫合袋底，對齊表布，裁掉多餘的鋪棉與裡布。縫份倒向袋底側。製作裡袋底，放入袋底內側，進行藏針縫（**圖6**）。

6 縫合本體上面與拉鍊的其中一邊。本體上方裡布縫合口袋後，與本體後片側身進行藏針縫（**圖7**）。

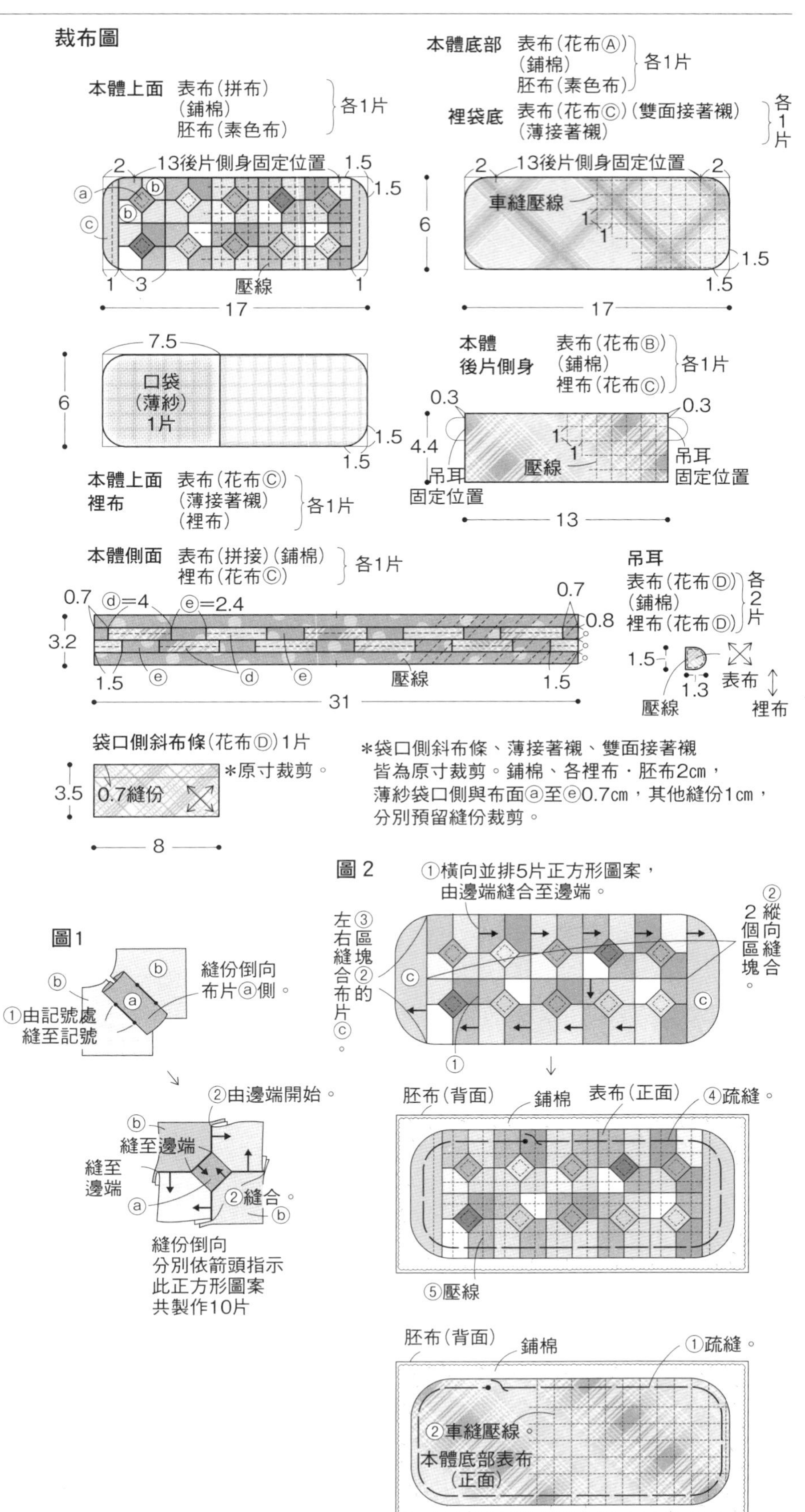

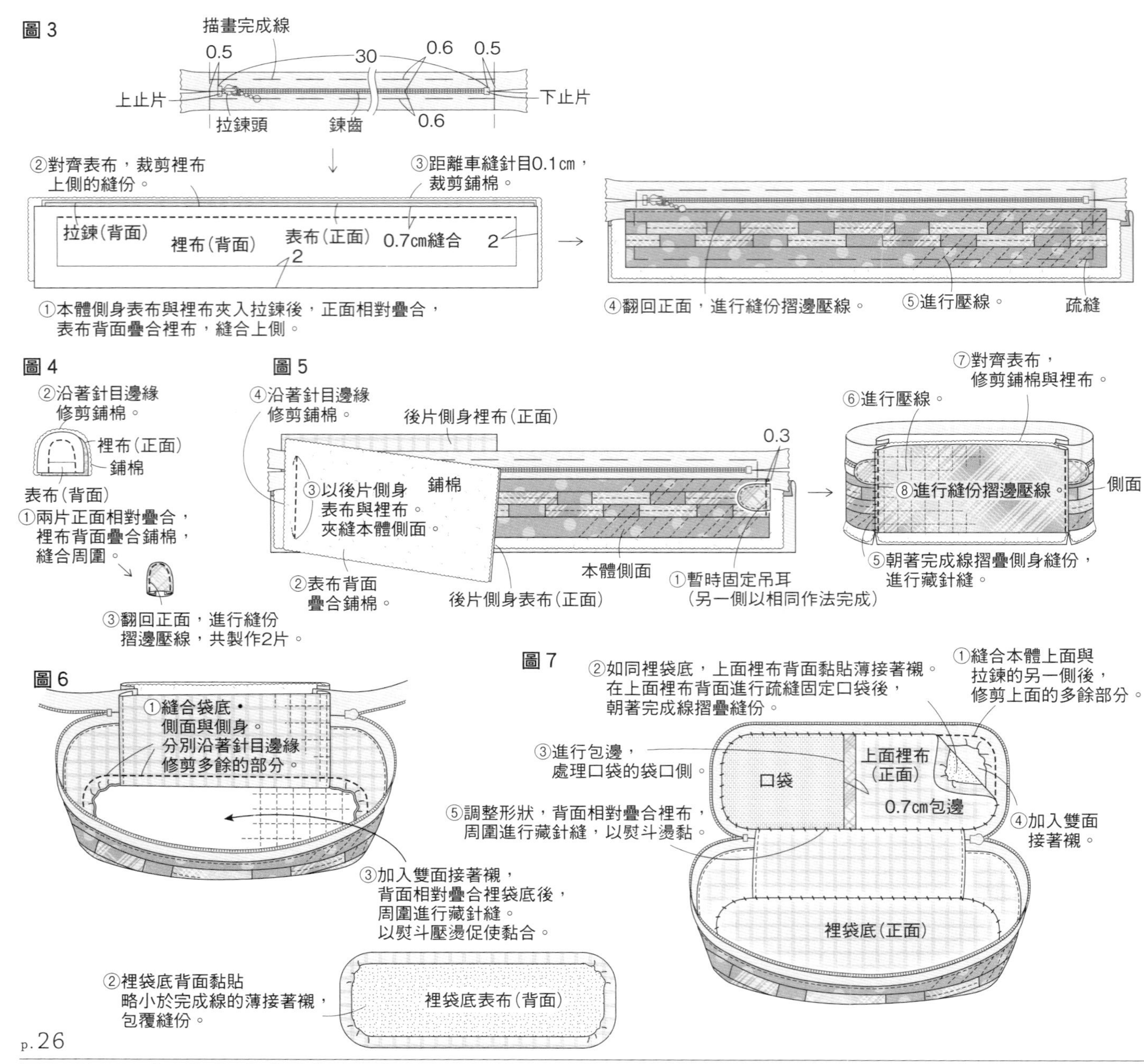

p.26

圓形＆十字圖案波奇包

〔 **完成尺寸** 〕

寬21cm　高11.2cm　袋底14×7cm

＊紙型　C面

〔 **材料** 〕

棉布　花布Ⓐ…50×15cm（本體表布）

花布Ⓑ…17×10cm（袋底表布）

花布Ⓒ…30×50cm

（本體裡布、包覆側身縫份的斜布條、處理拉鍊耳片的布片）

花布Ⓓ…寬3.5cm斜布條　23cm×2條（袋口側斜布條）

零碼布片數種…各適量（貼布縫用布）

鋪棉　30×35cm

拉鍊　長20cm　1條

25號繡線 綠色・淺灰色…各適量

〔 作法 〕

1 本體表布進行貼布縫（圖 1 ）。

2 步驟 1 進行刺繡後，縫合袋底表布。疊合3層，進行壓線。裡布側描畫完成線（圖 2 ）。

3 袋口側對齊表布，修剪鋪棉與裡布的多餘部分，整齊修剪成0.7㎝，以斜布條包覆處理。另一側袋口側也以相同作法完成（圖 3 ）。

4 裡布上描畫完成線，袋口側縫拉鍊。縫合脇邊，處理縫份（圖 4 ）。

5 縫合袋底側身。最後，處理拉鍊耳片（圖 5 ）。

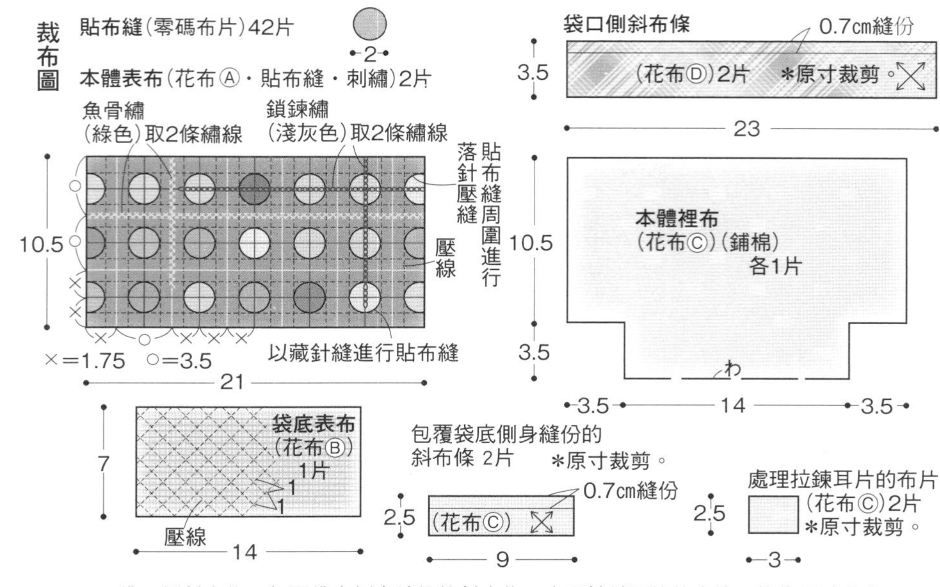

＊袋口側斜布條、包覆袋底側身縫份的斜布條、處理拉鍊耳片的布片，皆為原寸裁剪。
貼布縫布片0.3㎝，本體表布、袋底表布0.7㎝，分別預留縫份後裁剪。
本體裡布・鋪棉粗裁成27×34㎝。

圖 1

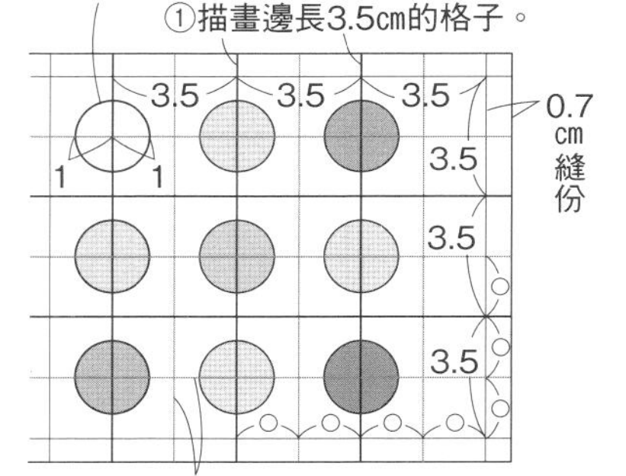

圖 2

裡布
鋪棉
表布
②進行鎖鍊繡。
①進行魚骨繡。
由記號處縫至記號
③由記號處縫至記號，
縫合本體與袋底，
縫份倒向袋底側。
④描畫壓縫線，
疊合三層，進行疏縫後，
進行壓線。
⑤拆掉周圍以外的
疏縫線。

圖 3

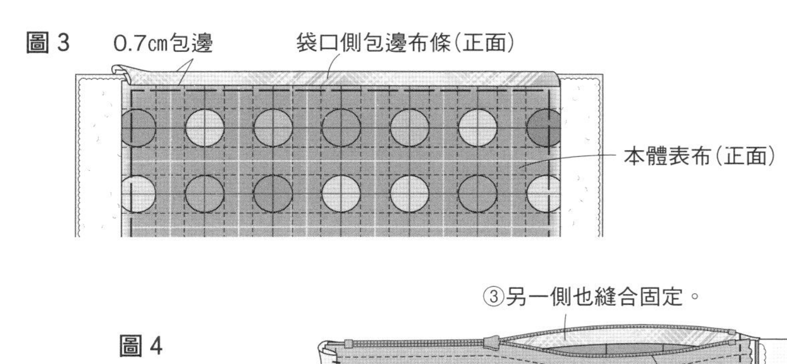

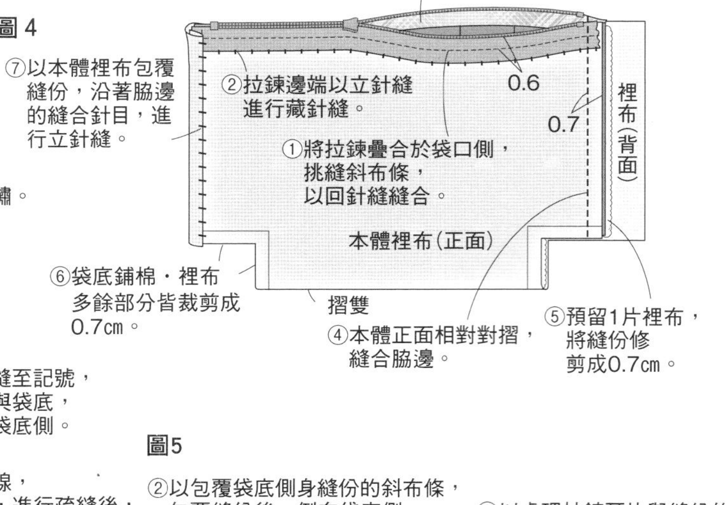

貼布縫白花圖案收納盒

〔 **完成尺寸** 〕

寬15cm　高12.5cm　袋底寬12×７cm

＊紙型　C面

〔 **材料** 〕

棉布

花布Ⓐ…55×15cm（布片ⓐ・ⓒ）

花布Ⓑ…30×14cm（布片ⓑ・ⓓ・袋底表布）

花布Ⓒ…55×24cm（本體裡布・側身裡布・袋底裡布）

花布Ⓓ…25×15cm（提把）

花布Ⓔ…15×10cm（莖＆葉貼布縫）

花布Ⓕ…12×７cm（花の貼布縫）

花布Ⓖ…少許（花蕾貼布縫）

接著鋪棉　51×13cm

接著襯　45×25cm

塑膠板　厚0.1cm　25×30cm

25號繡線　粉紅色、黃色、綠色…各適量

〔 **作法** 〕

1 裁剪各部位，分別裁剪2組（**圖１**）。在本體表布（布片ⓐ）正面描繪貼布縫圖案（**圖２**）。

2 進行莖部圖案貼布縫（**圖３**）。

3 以藏針縫進行花、花蕾圖案貼布縫後，進行刺繡（**圖４**）。另一片布片ⓐ以相同作法完成。

4 製作2條提把（**圖５**）。

5 布片ⓐ與ⓑ正面相對疊合，進行縫合。縫份倒向布片ⓑ側。背面黏貼接著鋪棉（**圖６**）。另一片以相同作法製作。

6 提把暫時固定在本體表布的袋口側。與本體裡布正面相對疊合，預留返口，縫合周圍（**圖７**）。翻回正面。

7 本體襯摺彎，由步驟**6**的返口放入，調整形狀，重疊返口縫份，進行疏縫（**圖８**）。另一片以相同作法完成。

8 製作側身表布（**圖９**）。

9 側身裡布背面黏貼接著襯。與步驟**8**的表布正面相對疊合，預留下側，縫合周圍（**圖10**）。翻回正面。

10 將側身上襯放入側身表布的布片ⓒ，利用車縫拉鍊壓布腳，沿著縫合針目進行車縫。將側身下襯放入布片ⓓ後，進行返口疏縫固定（**圖11**）。另一片以相同作法完成。

11 袋底表布背面黏貼接著鋪棉。袋底表布周圍縫合本體與側身，縫份倒向袋底側。拉高縫份，放入袋底襯（**圖12**）。

12 製作袋底裡布。背面相對疊合於袋底表布上，周圍進行藏針縫（**圖13**）。

13 拉高本體、側身，進行コ形綴縫（使用彎針更方便作業進行）（**圖14**）。

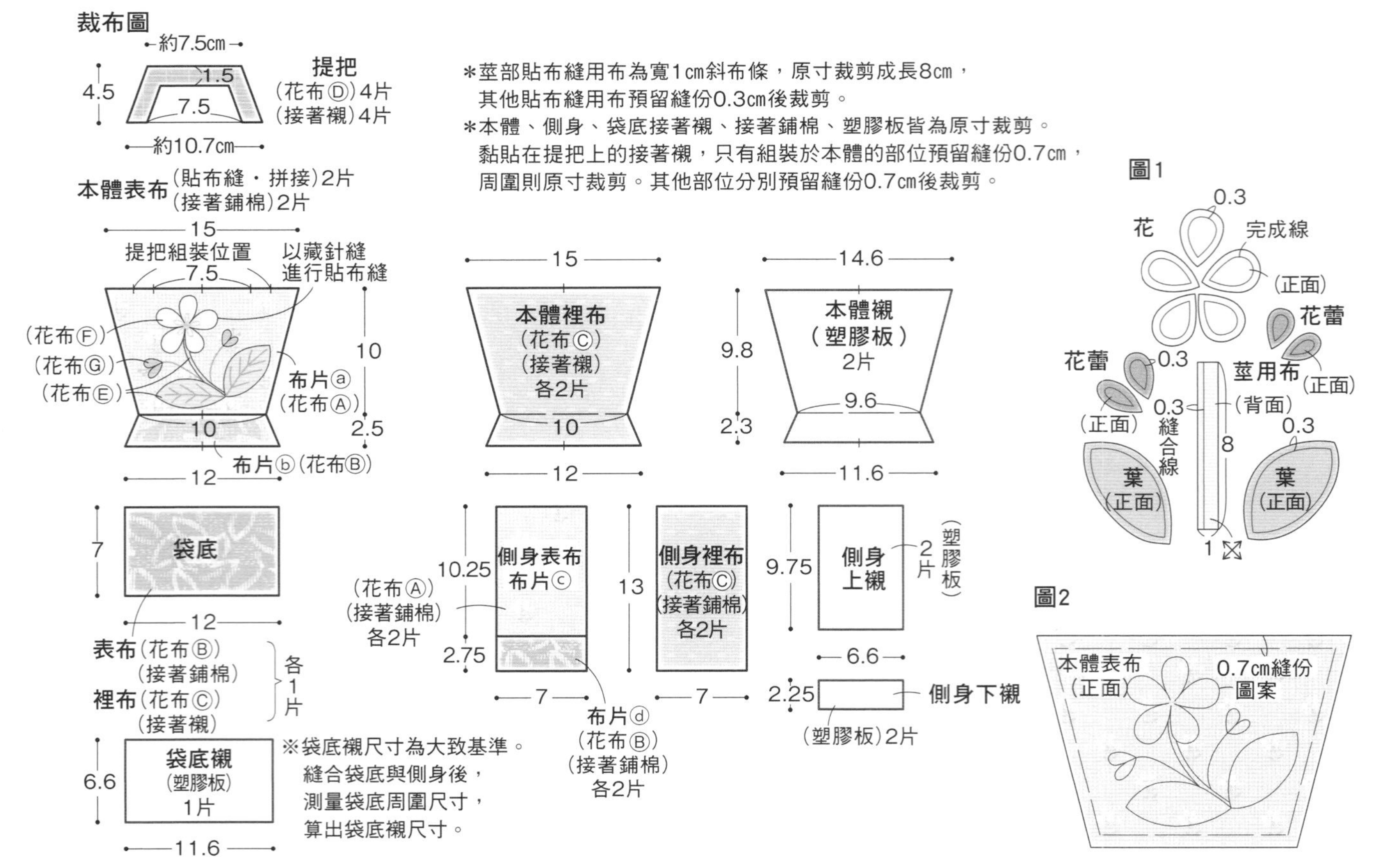

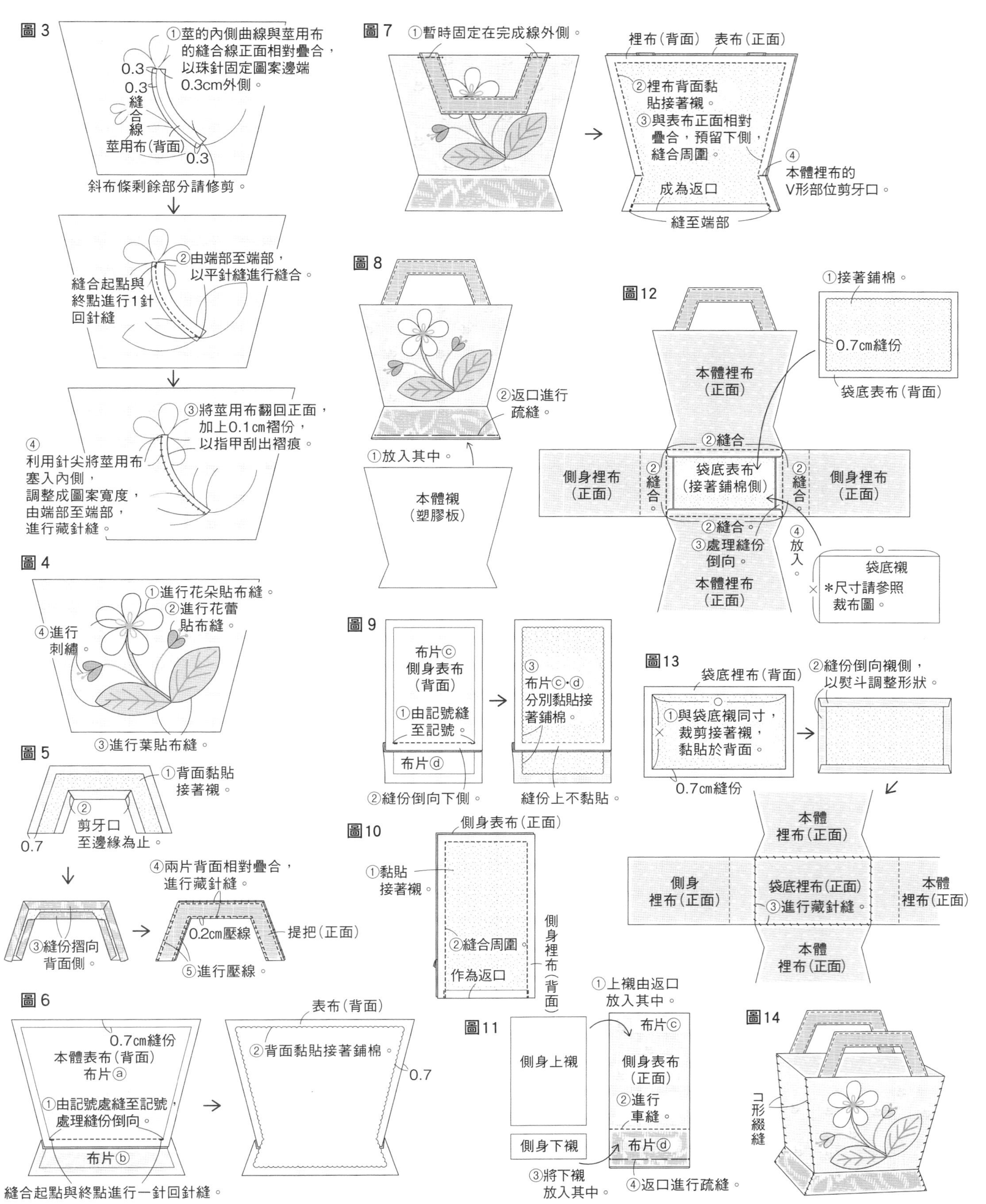
圖3
①莖的內側曲線與莖用布的縫合線正面相對疊合，以珠針固定圖案邊端0.3cm外側。
0.3
0.3
縫合線
莖用布（背面）
0.3
斜布條剩餘部分請修剪。
②由端部至端部，以平針縫進行縫合。
縫合起點與終點進行1針回針縫
③將莖用布翻回正面，加上0.1cm褶份，以指甲刮出褶痕。
④利用針尖將莖用布塞入內側，調整成圖案寬度，由端部至端部，進行藏針縫。
圖4
①進行花朵貼布縫。
②進行花蕾貼布縫。
④進行刺繡。
③進行葉貼布縫。
圖5
①背面黏貼接著襯。
②剪牙口至邊緣為止。
0.7
④兩片背面相對疊合，進行藏針縫。
③縫份摺向背面側。
0.2cm壓線
提把（正面）
⑤進行壓線。
圖6
0.7cm縫份
本體表布（背面）
布片ⓐ
①由記號處縫至記號，處理縫份倒向。
布片ⓑ
縫合起點與終點進行一針回針縫。
表布（背面）
②背面黏貼接著鋪棉。
0.7
圖7
①暫時固定在完成線外側。
裡布（背面）
表布（正面）
②裡布背面黏貼接著襯。
③與表布正面相對疊合，預留下側，縫合周圍。
④本體裡布的V形部位剪牙口。
成為返口
縫至端部
圖8
②返口進行疏縫。
①放入其中。
本體襯（塑膠板）
圖9
布片ⓒ側身表布（背面）
①由記號縫至記號。
布片ⓓ
②縫份倒向下側。
③布片ⓒ・ⓓ分別黏貼接著鋪棉。
縫份上不黏貼。
圖10
側身表布（正面）
①黏貼接著襯。
②縫合周圍。
作為返口
側身裡布（背面）
圖11
①上襯由返口放入其中。
側身上襯
側身下襯
布片ⓒ
側身表布（正面）
②進行車縫。
布片ⓓ
③將下襯放入其中。
④返口進行疏縫。
圖12
①接著鋪棉。
0.7cm縫份
袋底表布（背面）
本體裡布（正面）
②縫合
側身裡布（正面）
袋底表布（接著鋪棉側）
②縫合。
③處理縫份倒向。
④放入。
袋底襯
＊尺寸請參照裁布圖。
圖13
袋底裡布（背面）
①與袋底襯同寸，裁剪接著襯，黏貼於背面。
0.7cm縫份
②縫份倒向襯側，以熨斗調整形狀。
本體裡布（正面）
側身裡布（正面）
袋底裡布（正面）
③進行藏針縫。
圖14
コ形綴縫

隨身針線包

〔 **完成尺寸** 〕

底寬17cm　高12.5cm　側身寬各3cm

＊紙型　C面

〔 **材料** 〕

棉布

印花布Ⓐ…25×60cm

（本體表布・包覆磁釦的布片）

印花布Ⓑ…40×20cm（表口袋）

印花布Ⓒ…25×20cm（袋蓋表布）

印花布Ⓓ…85×25cm

（本體裡布、袋蓋裡布）

印花布Ⓔ…28×7cm

（提把表布・裡布）

毛氈布　灰色…10×16cm（插針處）

薄接著襯　17×22cm（袋蓋裡布）

麻質織帶　茶色…1.5cm寬　9cm（吊耳）

手壓四合釦　直徑2cm　1組

磁釦

黑色…直徑1.3cm　2組

魔鬼氈

米黃色…2.5cm寬　4cm　1組

〔 **作法** 〕

1 以麻質織帶製作2個吊耳（**圖1**）。

2 製作2片表口袋（**圖2**）。

3 吊耳暫時固定在本體表布上（**圖3**）。

4 本體裡布正面相對疊合，縫合袋口側。翻回正面，袋口側進行縫份摺邊壓線。將表口袋疊合於本體表布上，側身與袋底、隔層進行疏縫。縫合隔層與袋底。拆掉脇邊以外部分的疏縫線（**圖4**）。

5 本體翻向背面後摺疊，預留返口，縫合兩脇邊（**圖5**）。

6 翻回正面，返口進行藏針縫（**圖6**）。

7 以裡布為正面。脇邊底部摺成三角形，完成3cm的袋底側身。剩下的3處以相同作法完成。翻回表布側，調整形狀（**圖7**）。

8 袋蓋裡布黏貼薄接著襯。插針用毛氈對摺後，疊合於袋蓋裡布的正面，縫合摺雙側（**圖8**）。

9 袋蓋表布與裡布正面相對疊合，預留返口後縫合。翻回正面，返口進行藏針縫。0.5cm內側進行壓線（**圖9**）。

10 將袋蓋表布疊合於本體表口袋側，對齊中央。縫合中央（**圖10**）。

11 提把的表布與裡布正面相對疊合，預留返口後縫合。翻回正面，進行壓線（**圖11**）。

12 將提把疊合於袋蓋中央，兩邊端夾住本體後，朝著內側摺疊，進行疏縫。車縫固定圖中指示位置。（**圖12**）。

13 魔鬼氈裁成直徑1.7cm圓形，疊合於本體裡布的袋口側，周圍進行藏針縫。袋蓋與表口袋安裝手壓四合釦（**圖13**）。

14 包覆磁釦，以立針縫縫在本體後片側（**圖14**）。

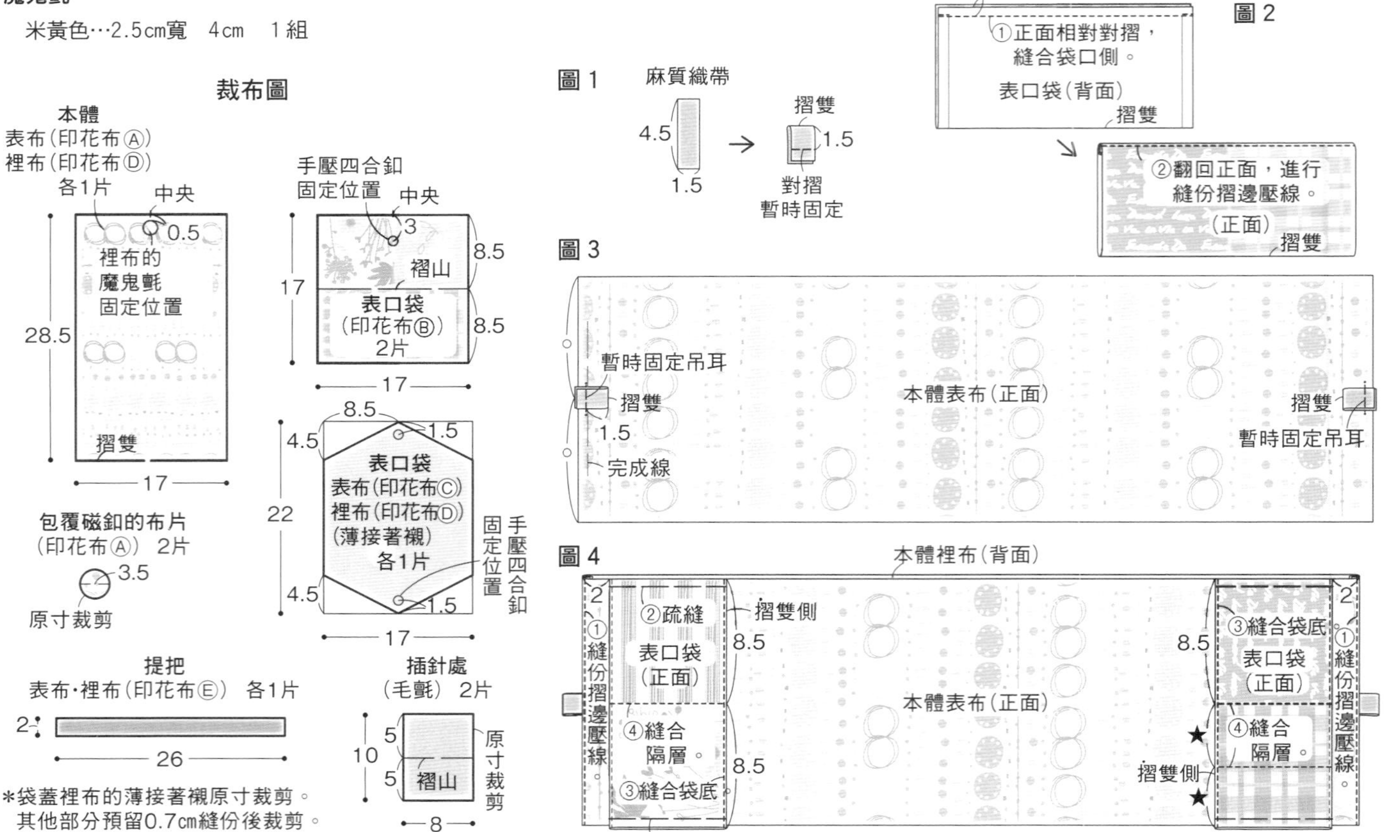

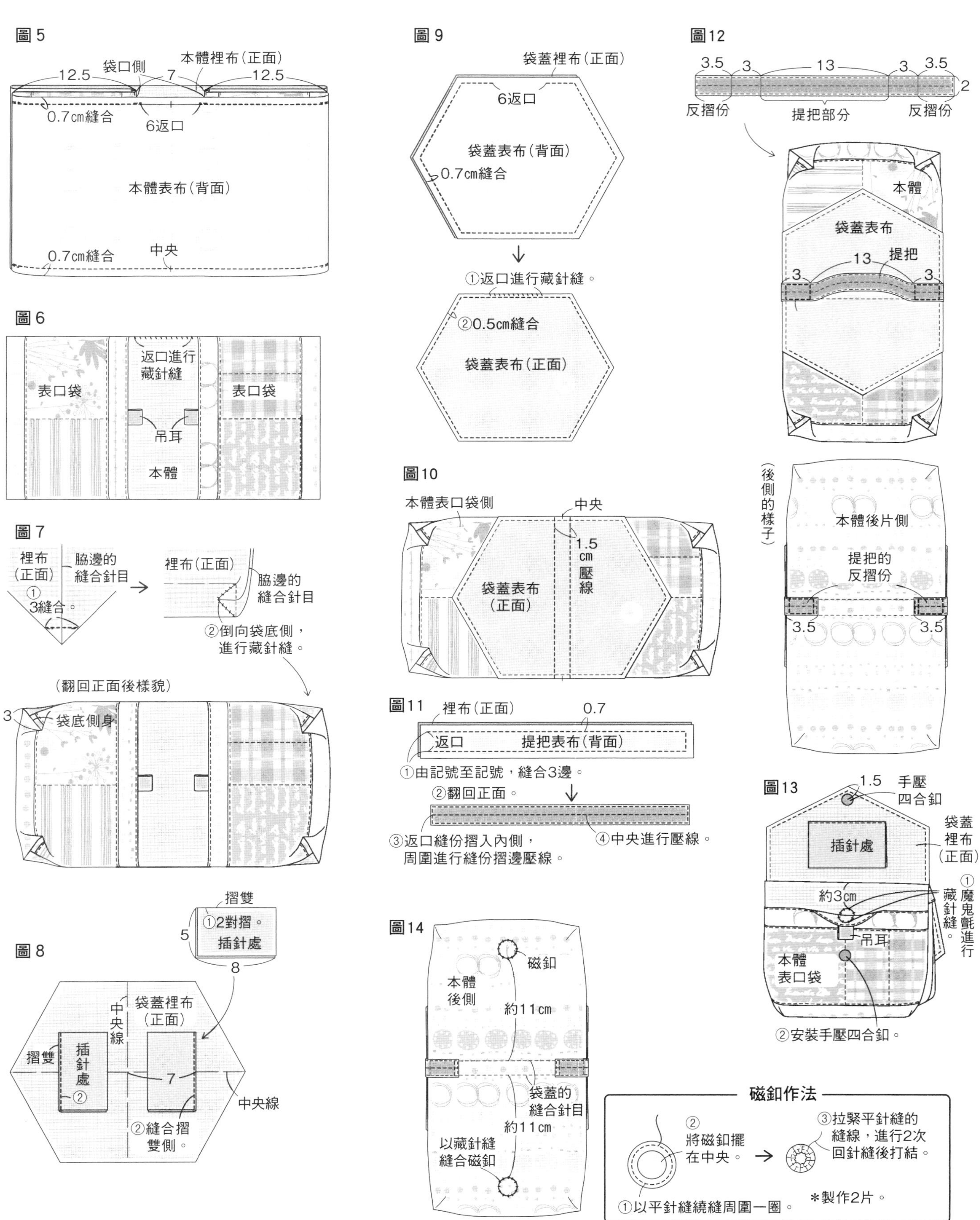

圖5
袋口側
本體裡布(正面)
12.5
7
12.5
0.7cm縫合
6返口
本體表布(背面)
0.7cm縫合
中央
圖6
返口進行藏針縫
表口袋
表口袋
吊耳
本體
圖7
裡布(正面)
脇邊的縫合針目
①3縫合。
裡布(正面)
脇邊的縫合針目
②倒向袋底側，進行藏針縫。
(翻回正面後樣貌)
3
袋底側身
圖8
摺雙
①2對摺。
插針處
5
8
袋蓋裡布(正面)
中央線
摺雙
插針處
②
7
中央線
②縫合摺雙側。
圖9
袋蓋裡布(正面)
6返口
袋蓋表布(背面)
0.7cm縫合
①返口進行藏針縫。
②0.5cm縫合
袋蓋表布(正面)
圖10
本體表口袋側
中央
1.5cm壓線
袋蓋表布(正面)
圖11
裡布(正面)
0.7
返口
提把表布(背面)
①由記號至記號，縫合3邊。
②翻回正面。
③返口縫份摺入內側，周圍進行縫份摺邊壓線。
④中央進行壓線。
圖14
磁釦
本體後側
約11cm
袋蓋的縫合針目
約11cm
以藏針縫縫合磁釦
圖12
3.5
3
13
3
3.5
2
反摺份
提把部分
反摺份
本體
袋蓋表布
13
提把
3
3
(後側的樣子)
本體後片側
提把的反摺份
3.5
3.5
圖13
1.5
手壓四合釦
袋蓋裡布(正面)
插針處
約3cm
①藏針縫進行魔鬼氈
吊耳
本體表口袋
②安裝手壓四合釦。
磁釦作法
②將磁釦擺在中央。
③拉緊平針縫的縫線，進行2次回針縫後打結。
①以平針縫繞縫周圍一圈。
*製作2片。

單柄肩背包

〔 完成尺寸 〕

寬32cm　高25cm　底寬9cm

＊紙型　C面

〔 材料 〕

棉布

花布Ⓐ…70×50cm（貼布縫ⓐ・本體後片表布・側身、提把表布）

花布Ⓑ…54×22cm（布片ⓐ至ⓔ）

花布Ⓒ・Ⓓ・Ⓔ…各適量（布片ⓐ）

花布Ⓕ…35×35cm（布片ⓐ・貼布縫ⓑ）

花布Ⓖ…適量（花貼布縫）

花布Ⓗ…適量（葉貼布縫）

花布Ⓘ…適量（莖貼布縫）

花布Ⓙ…110cm寬　75cm（本體前・後片裡布・側身、提把裡布、磁釦布、裡口袋、包覆縫份的斜布條2種）

鋪棉　130cm寬　60cm

中厚接著襯　10×130cm（側身・提把）、32×25cm（本體後片）、10×6cm（磁釦布）

磁釦　直徑2cm　1組

〔 作法 〕

1 裁剪各部位（**圖1**）。

2 布片ⓑ進行貼布縫。莖圖案右側的線與莖用布縫合線正面相對疊合，有多餘部分則修剪，進行縫合。將莖用布翻向正面，配合莖寬，利用針尖，一邊將縫份塞入內側，一邊以藏針縫縫合（**圖2**）。花、葉以相同作法縫合（**圖3**）。剩下的布片ⓒ至ⓔ同樣進行貼布縫。

3 製作伯利恆之星圖案。圖中菱形區塊共製作8片，分別縫合2片（**圖4**）。

4 如圖縫合，完成伯利恆之星圖案（**圖5**）。

5 步驟**4**縫合布片ⓑ至ⓔ，完成本體前片表布的區塊（**圖6**）。

6 將貼布縫ⓐ疊合於步驟**5**上，以藏針縫進行貼布縫。最後進行貼布縫ⓑ藏針縫。距離縫合針目0.7cm，修剪布片ⓑ至ⓔ的縫份（**圖7**）。

7 參照裁布圖，在表布上描畫壓縫線。裡布、鋪棉、表布依序疊合3層，依①至⑤順序進行疏縫。沿著線條進行壓線，接著進行落針壓縫（**圖8**）。

8 拆掉周圍以外部分的疏縫線。以斜布條包覆處理袋口側（**圖9**）。

9 製作本體後片（**圖10**）。

10 側身、提把表布與裡布分別接合2片，裡布背面黏貼接著襯。裡布、鋪棉、表布疊合3層進行疏縫後，進行車縫壓線。縫合成圈，以斜布條包覆處理縫份（**圖11**）。

11 本體前・後片與步驟**10**正面相對疊合，縫合至本體的袋口側為止。以斜布條包覆處理縫份（**圖12**）。

12 製作2片磁釦布，縫在本體前・後片裡布上（**圖13**）。翻回正面。

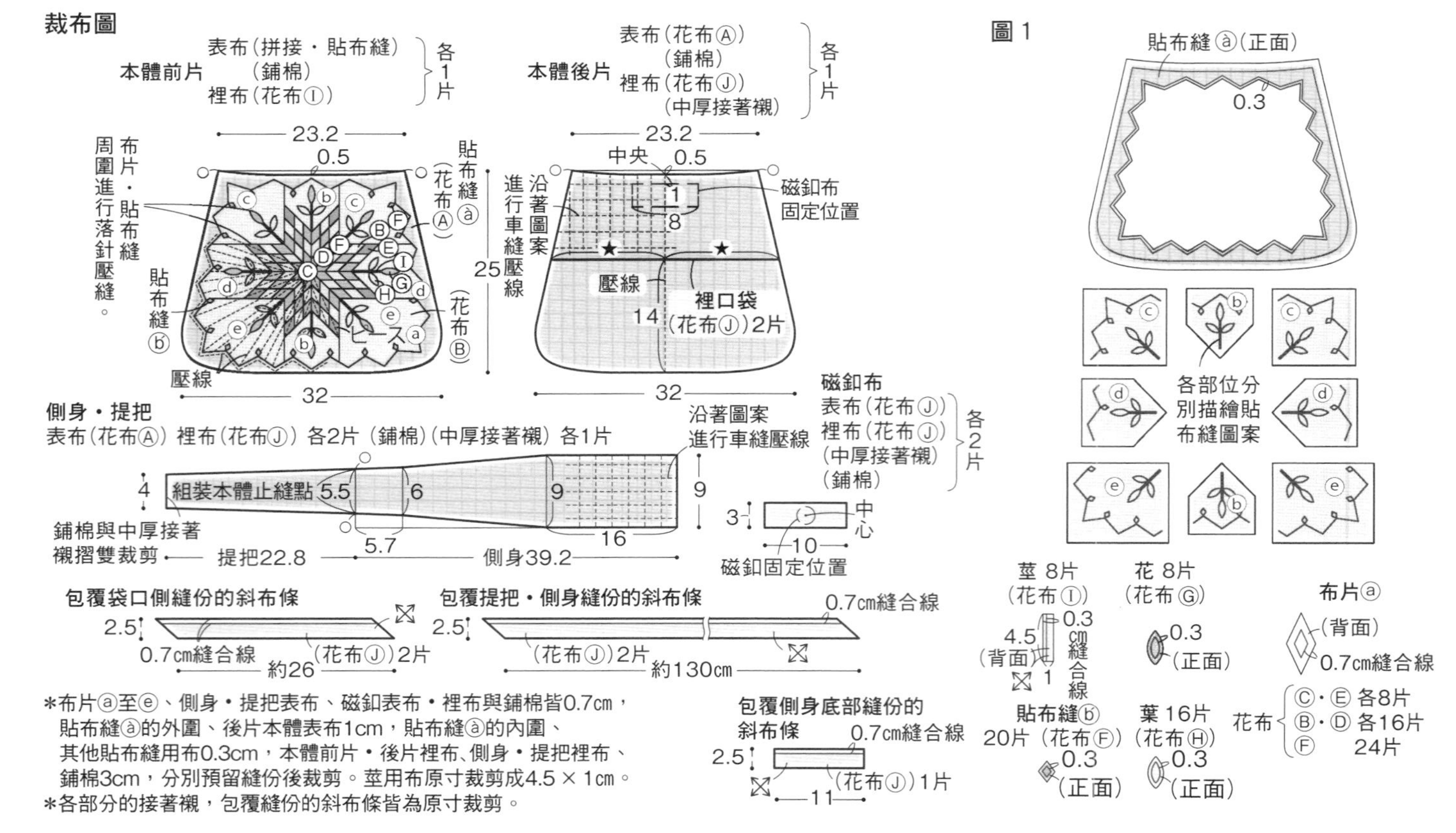

＊布片ⓐ至ⓔ、側身・提把表布、磁釦表布・裡布與鋪棉皆0.7cm，貼布縫ⓐ的外圍、後片本體表布1cm，貼布縫ⓐ的內圍、其他貼布縫用布0.3cm，本體前片・後片裡布、側身・提把裡布、鋪棉3cm，分別預留縫份後裁剪。莖用布原寸裁剪成4.5×1cm。

＊各部分的接著襯，包覆縫份的斜布條皆為原寸裁剪。

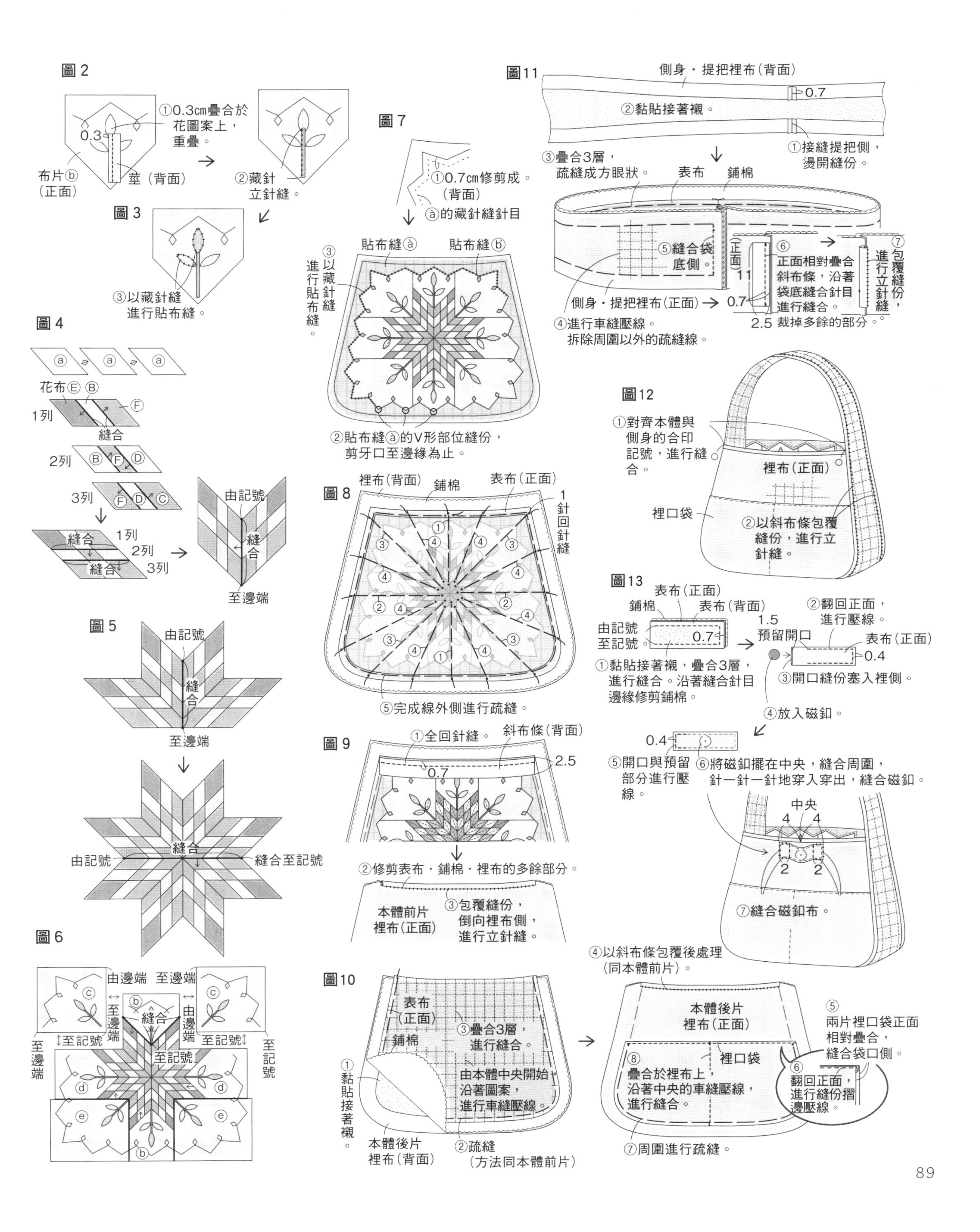
圖 2
①0.3cm疊合於花圖案上，重疊。
0.3
布片ⓑ（正面）
莖（背面）
②藏針立針縫。
圖 3
③以藏針縫進行貼布縫。
圖 4
花布Ⓔ Ⓑ
1列
縫合
2列
3列
由記號
縫合
至邊端
圖 5
由記號
縫合
至邊端
縫合
由記號
縫合至記號
圖 6
由邊端 至邊端
至邊端
至記號
縫合
至記號
至邊端
由邊端
至記號
圖 7
①0.7cm修剪成。（背面）
ⓐ的藏針縫針目
貼布縫ⓐ
貼布縫ⓑ
③以藏針縫進行貼布縫。
②貼布縫ⓐ的V形部位縫份，剪牙口至邊緣為止。
圖 8
裡布（背面）
鋪棉
表布（正面）
1針回針縫
⑤完成線外側進行疏縫。
圖 9
①全回針縫。
斜布條（背面）
0.7
2.5
②修剪表布・鋪棉・裡布的多餘部分。
本體前片裡布（正面）
③包覆縫份，倒向裡布側，進行立針縫。
圖10
表布（正面）
鋪棉
③疊合3層，進行縫合。
由本體中央開始沿著圖案，進行車縫壓線。
①黏貼接著襯。
本體後片裡布（背面）
②疏縫（方法同本體前片）
④以斜布條包覆後處理（同本體前片）。
本體後片裡布（正面）
裡口袋
⑧疊合於裡布上，沿著中央的車縫壓線，進行縫合。
⑤兩片裡口袋正面相對疊合，縫合袋口側。
⑥翻回正面，進行縫份摺邊壓線。
⑦周圍進行疏縫。
圖11
側身・提把裡布（背面）
0.7
②黏貼接著襯。
①接縫提把側，燙開縫份。
③疊合3層，疏縫成方眼狀。
表布
鋪棉
⑤縫合袋底側。
正面
11
0.7
2.5
側身・提把裡布（正面）
④進行車縫壓線。拆除周圍以外的疏縫線。
⑥正面相對疊合斜布條，沿著袋底縫合針目進行縫合。裁掉多餘的部分。
⑦包覆縫份，進行立針縫。
圖12
①對齊本體與側身的合印記號，進行縫合。
裡布（正面）
裡口袋
②以斜布條包覆縫份，進行立針縫。
圖13
表布（正面）
鋪棉
表布（背面）
由記號至記號
0.7
1.5
預留開口
②翻回正面，進行壓線。
表布（正面）
0.4
①黏貼接著襯，疊合3層，進行縫合。沿著縫合針目邊緣修剪鋪棉。
③開口縫份塞入裡側。
④放入磁釦。
0.4
⑤開口與預留部分進行壓線。
⑥將磁釦擺在中央，縫合周圍，針一針一針地穿入穿出，縫合磁釦。
中央
4 4
2 2
⑦縫合磁釦布。

斗篷

〔 原寸織線 〕

〔 **完成尺寸** 〕 高約74cm

密度　桂花針　17針×33段＝10cm正方形

〔 **材料** 〕　**極細程度的毛線**　焦茶色…170g

〔 **用具** 〕　7號棒針（尾端附擋珠）2支

其他：段數環・別線・毛線針等

＊P.90至P.94作品標示編織針法記號處，請參照P.95編織作法進行。

〔 **織法** 〕

取1條線。

1 編織本體，以一般起針法起針75針（第1段）。第二段以後不加減針，以桂花針編織240段，收針段進行下針套收針。共編織2片，◉、◎位置以段數環或織線等作合印記號。

2 參照最後修飾方法，依a至c順序完成作品。

裁布圖

＊①＝第1片，②＝第2片。

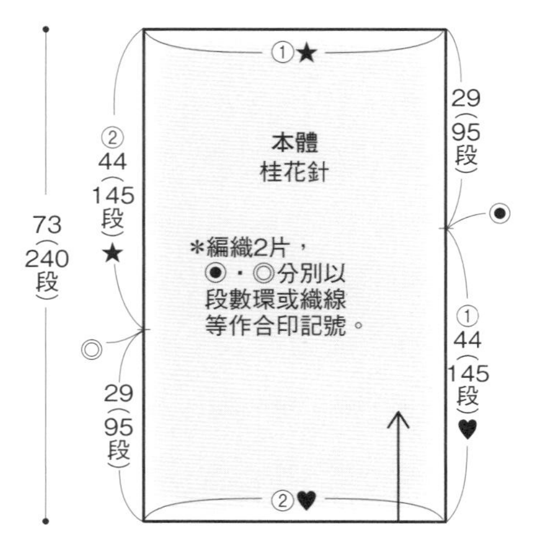

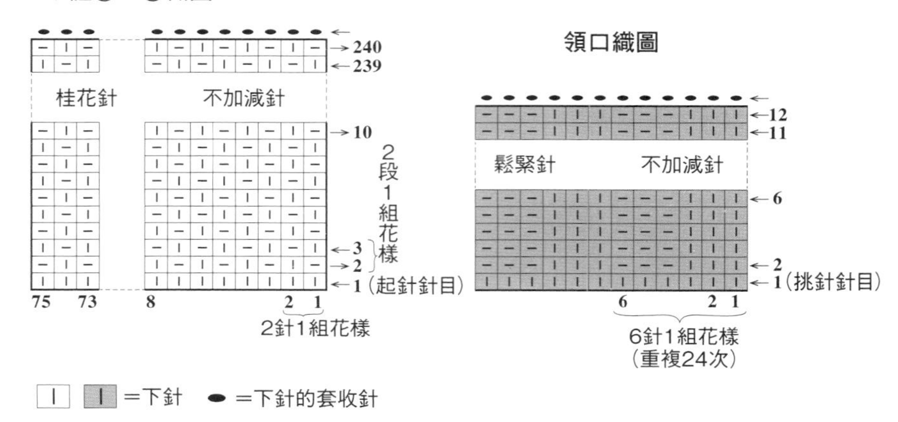

最後修飾

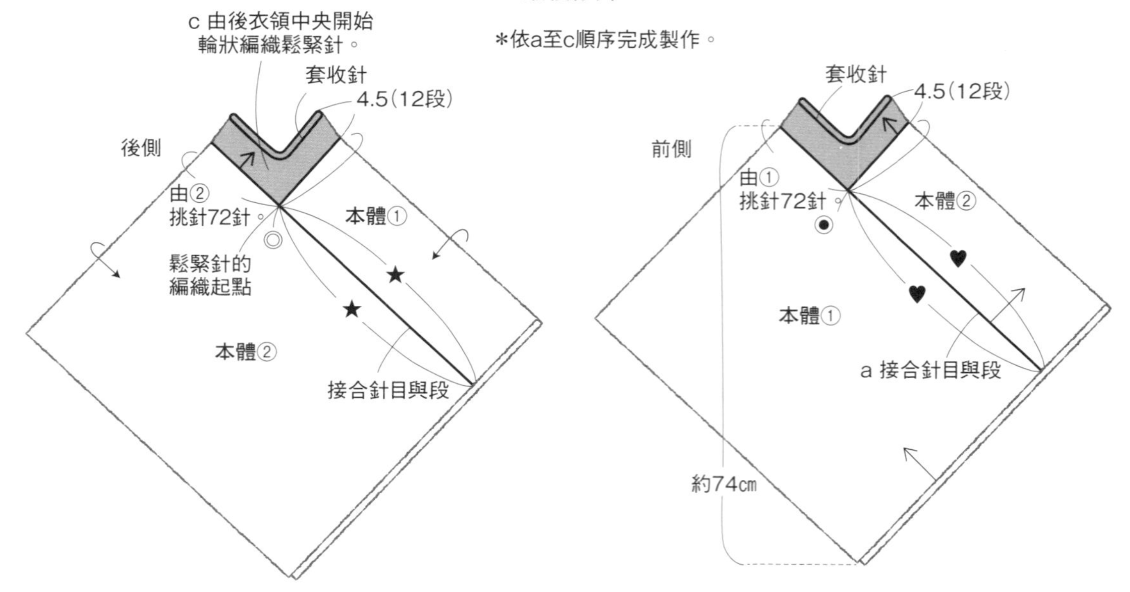

腕套

〔 **完成尺寸** 〕 手腕圍17cm　高20cm

密度　平面針　20目×27段＝10cm正方形

〔 **材料** 〕 **大約合太粗細的段染線**

灰藍色系…35 g

〔 **用具** 〕 6號棒針（尾端附擋珠）2支

其他：5/0鉤針（起針、引拔接合用）

別線（起針用）・毛線針等

〔 **織法** 〕

取1條線。原寸織線請參照圍脖（P.92）。

1 以5/0號鉤針起針40針，完成鉤織後可解開的起針針目。參照織圖，以6號棒針編織平面針。第8段起以P.95的引拔針要領，在指定位置編織引返針，收針段暫休針。相同織片編織2片，參照裁布圖與最後修飾方法，其中一片不剪線，另一片剪線。

2 參照最後修飾方法，留意織片方向，使用5/0號鉤針，以引拔接合法（請參照P.93上圖）接合成圈。

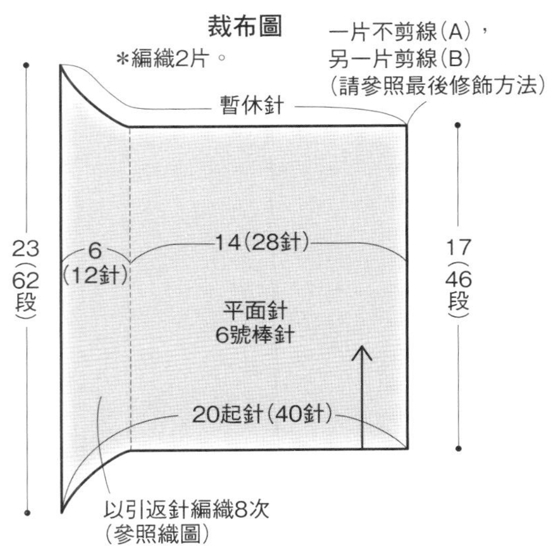

最後修飾方法

拆掉別線，將針目移到棒針上，背面相對，與暫休針針目對齊，使用5/0號鉤針，由起針側開始，繼續引拔織線，進行引拔接合。

A

暫休針側

17

20

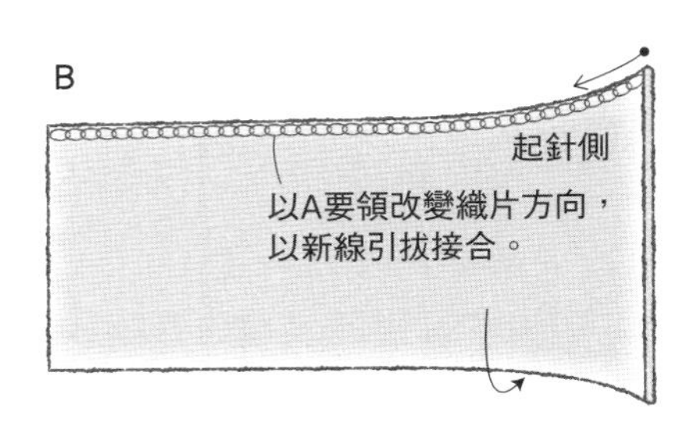

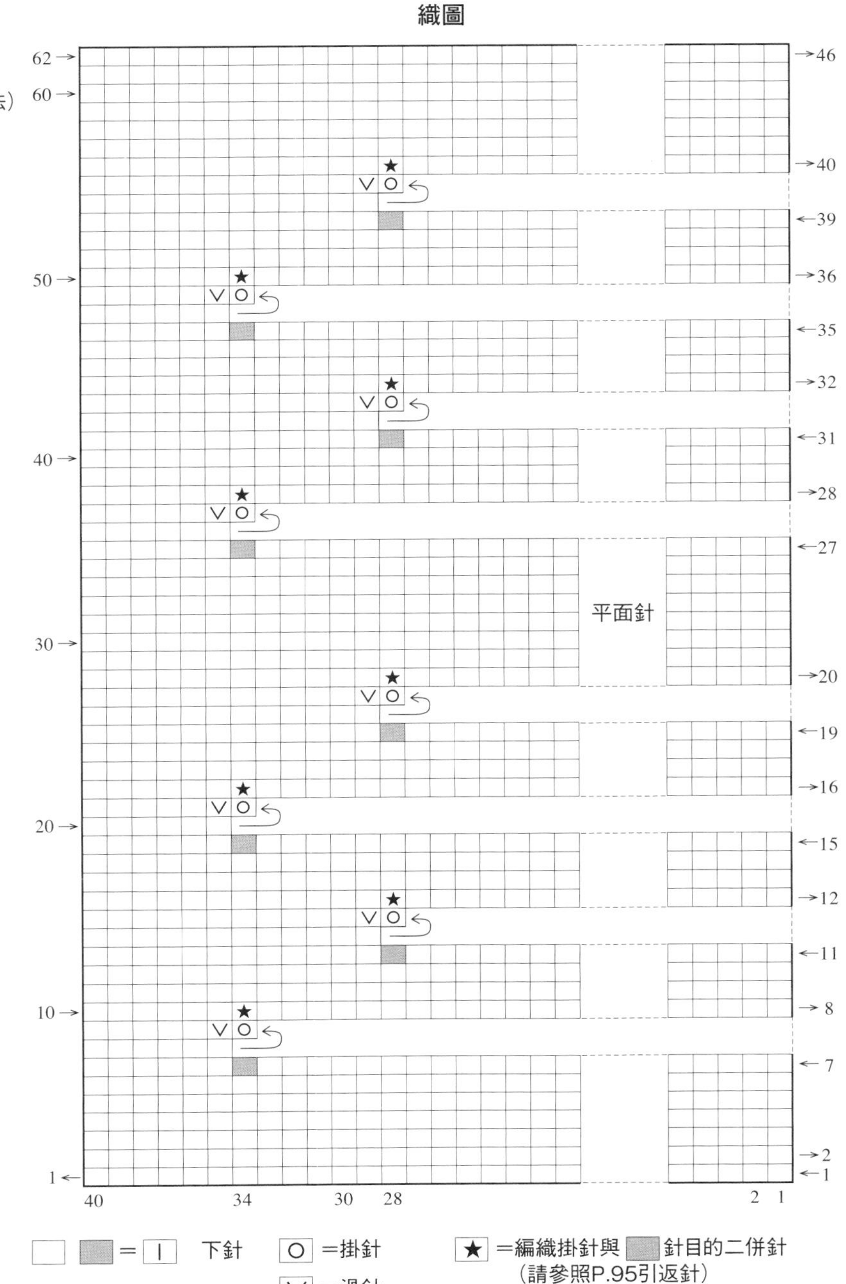

□ ■ ＝ | 下針　○ ＝掛針　V ＝滑針

★ ＝編織掛針與 ■ 針目的二併針
（請參照P.95引返針）

圍脖

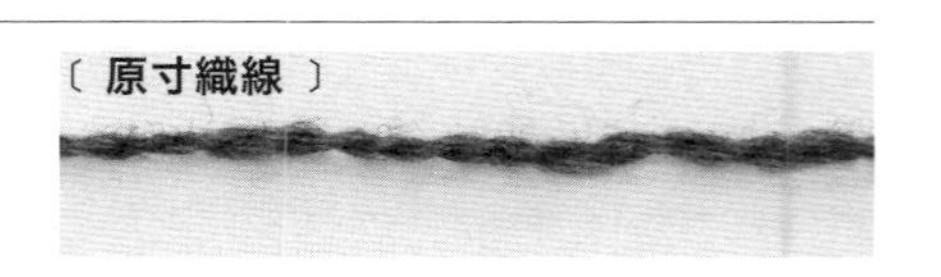

〔 **完成尺寸** 〕 頸圍47cm　高28cm

密度 平面針　20針×27段＝10cm正方形

〔 **材料** 〕　**大約合太粗細的段染線**

藍灰色線…60ｇ

〔 **用具** 〕　6號棒針（尾端附擋珠）2支 其他：5/0號鉤針（起針・引拔接合用）・別線（起針用）毛線針等

〔 **織法** 〕

取1條線。

1 以5/0號鉤針起針56針，完成鉤織後可解開的起針針目。參照織圖，以6號棒針編織平面針。第6段為止不加減針鉤織，第7至12段以P.95的引拔針要領，分別在左右編織引返針，一邊繼續完成編織。第13至32段（◎）共重複7次，第153至159段不加減針編織，收針段暫休針。

2 參照最後修飾方法，使用5/0號鉤針，以引拔接合法接合成圈。

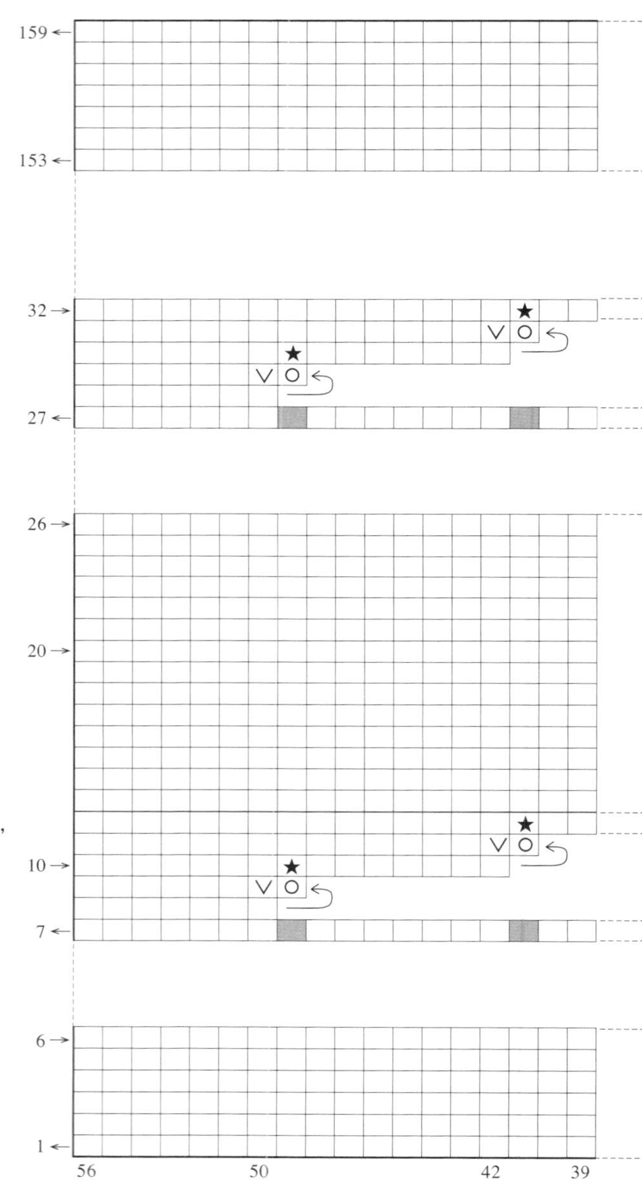

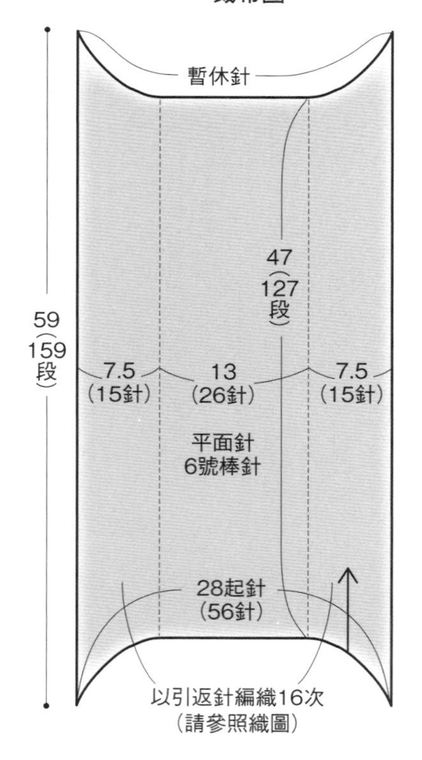

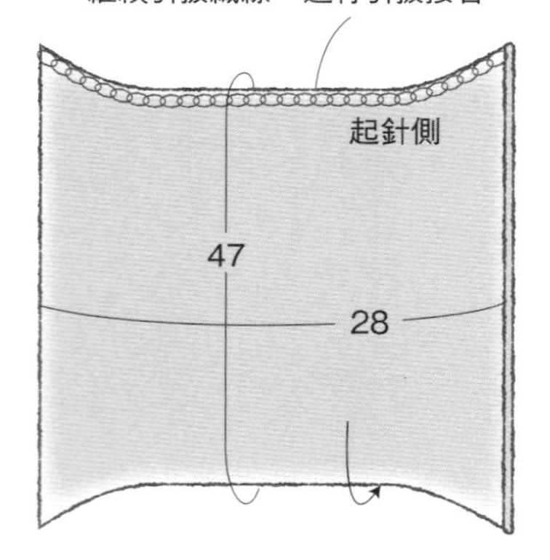

引拔接合

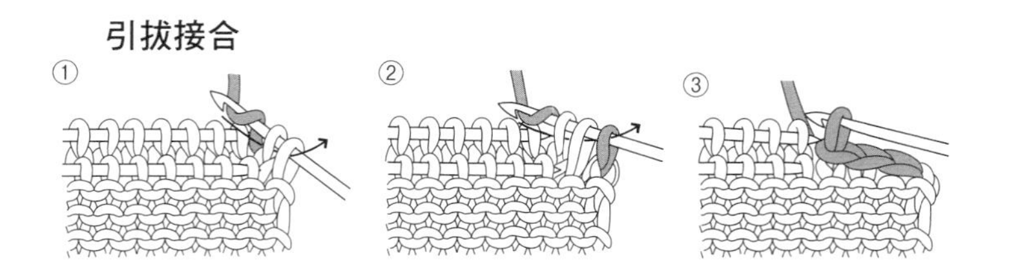

織圖

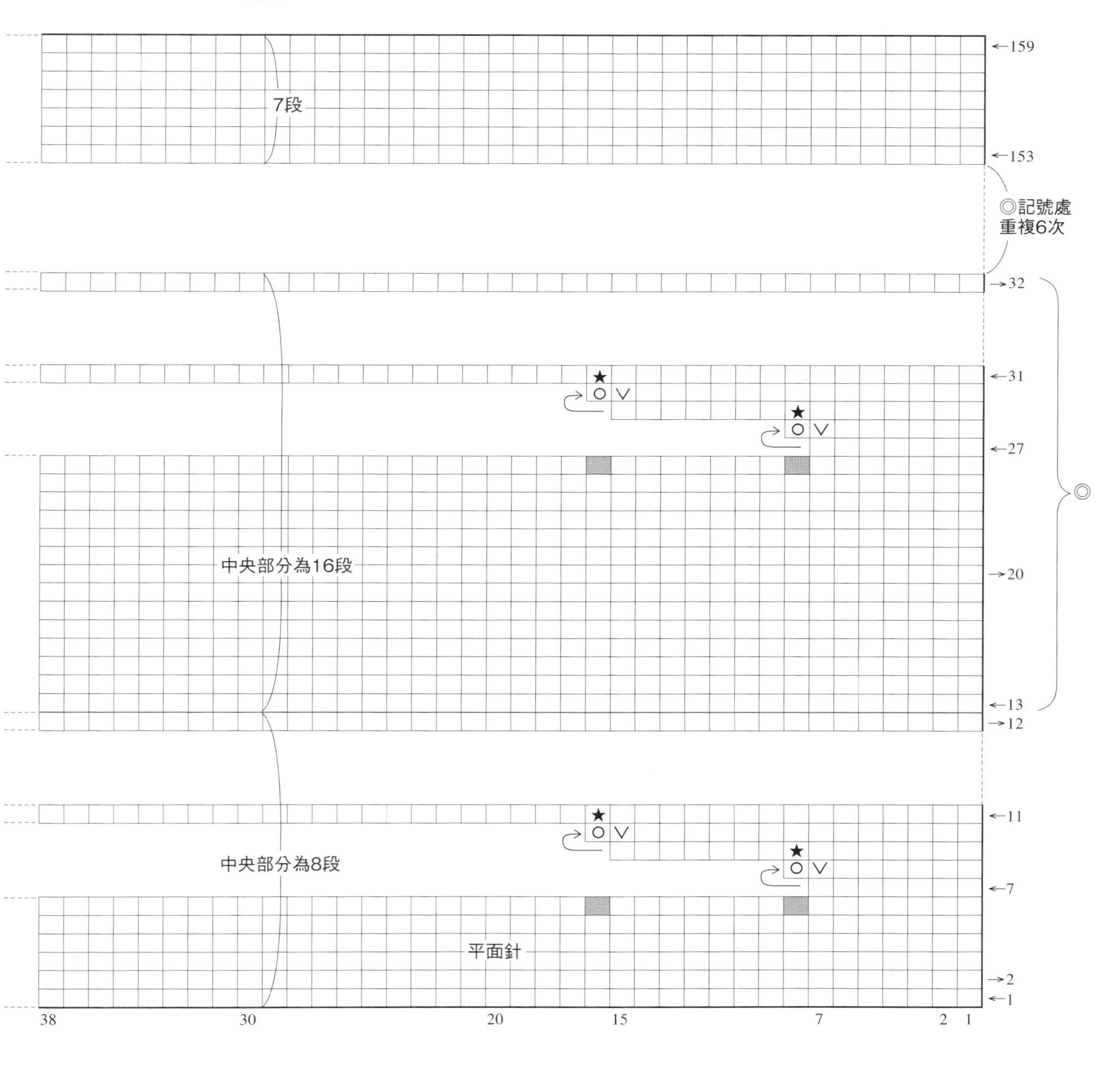

□ ▒ ＝ ｜ 下針 ○ ＝掛針 ★ ＝編織掛針與▒針目的二併針

V ＝滑針 （請參照P.95引返針）

三角披肩

〔 **完成尺寸** 〕

(流蘇穗飾除外) 寬97cm　高50cm

密度 起伏針 18針 × 34.5段＝10cm正方形

〔 **原寸織線** 〕

〔 **材料** 〕

大約合太粗細的直線型織線

綠色＆橘色系段染線…100ｇ

串珠 綠色(直徑1.5cm、厚0.9cm)…3個

〔 **用具** 〕

7號棒針(尾端附擋珠)2支 其他：厚紙(流蘇穗飾用)

毛線針・剪刀・直尺等

〔 **織法** 〕

取1條線。

1 以一般起針法起針5針。編織起伏針，第3段起編織掛針，一邊加針一邊編織172段，最後編織下針的套收針。

2 製作流蘇穗飾，固定於本體，共3處。

裁布圖

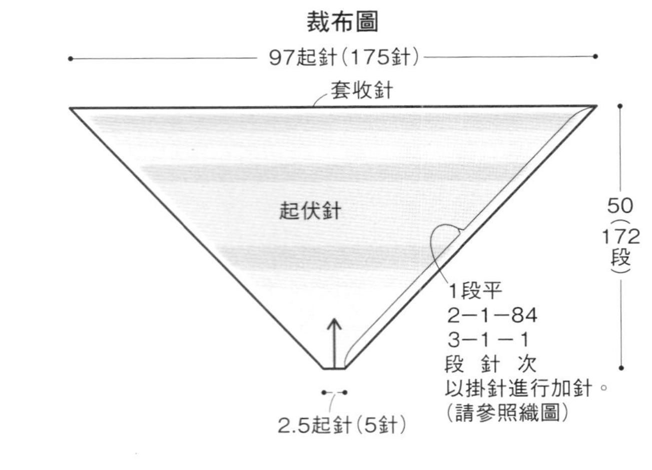

最後修飾方法

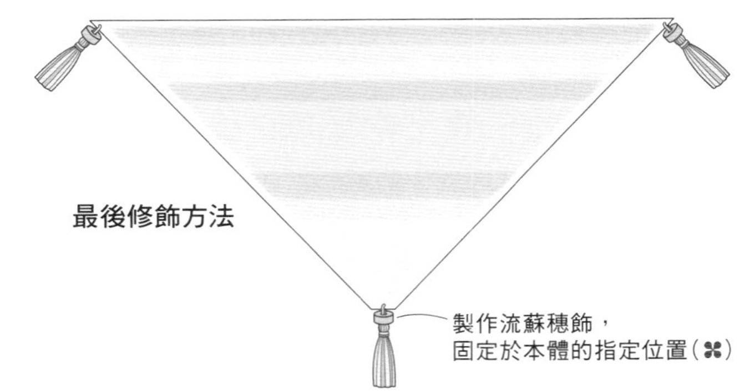

織圖

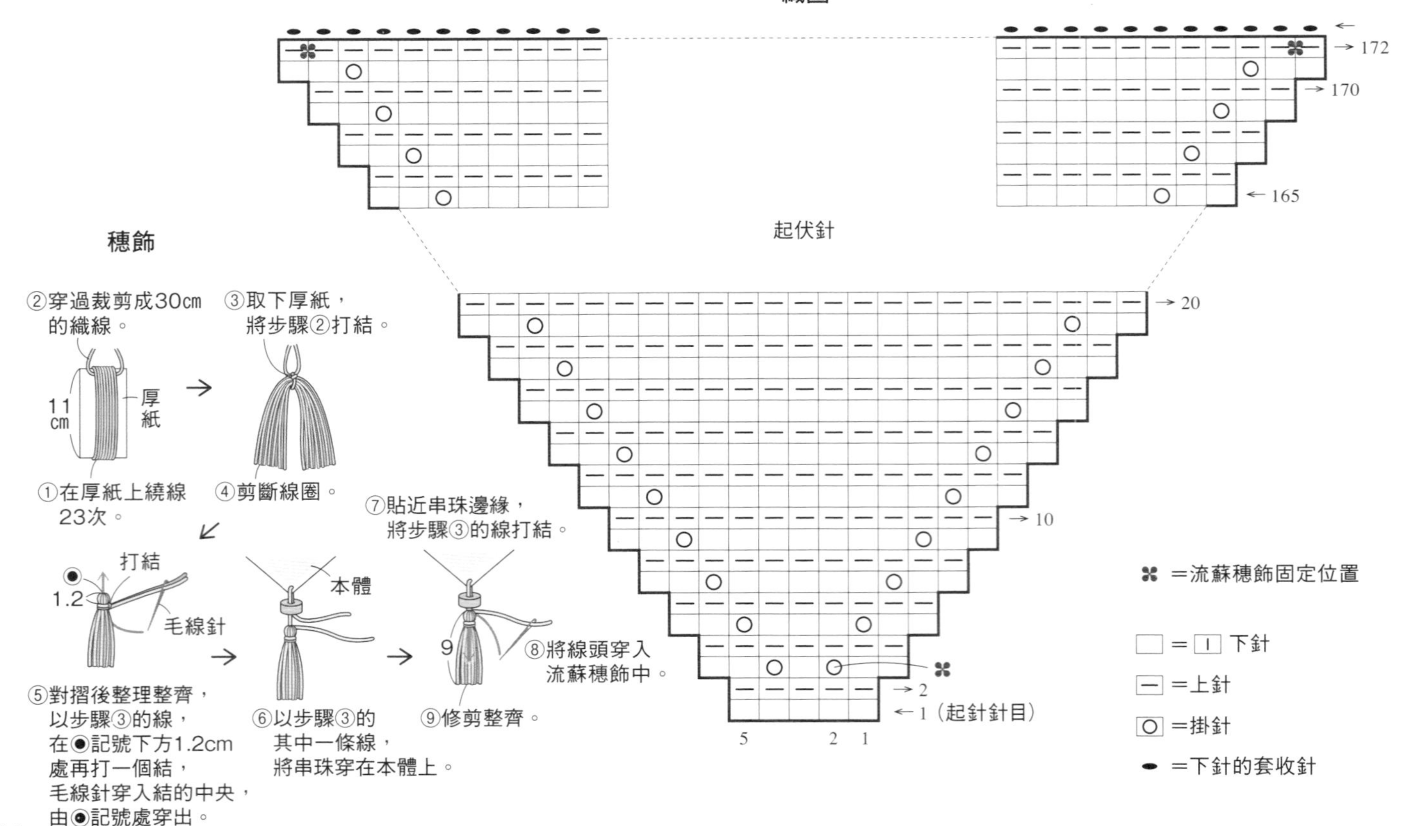

編織基礎

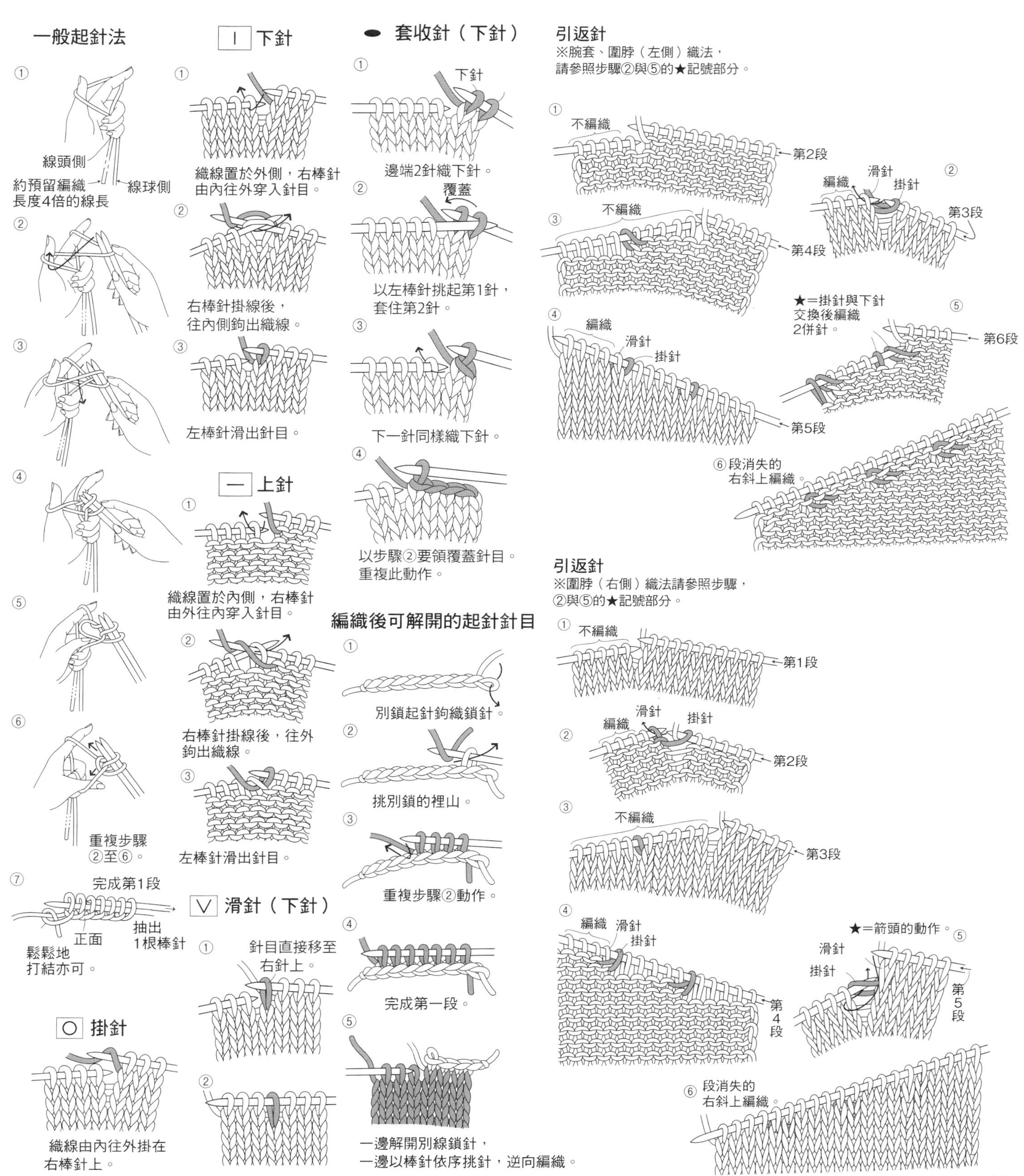
一般起針法
①
線頭側
約預留編織
長度4倍的線長
線球側
②
③
④
⑤
⑥
重複步驟
②至⑥。
⑦
完成第1段
正面
抽出
1根棒針
鬆鬆地
打結亦可。
○ 掛針
織線由內往外掛在
右棒針上。
| 下針
①
織線置於外側，右棒針
由內往外穿入針目。
②
右棒針掛線後，
往內側鉤出織線。
③
左棒針滑出針目。
— 上針
①
織線置於內側，右棒針
由外往內穿入針目。
②
右棒針掛線後，往外
鉤出織線。
③
左棒針滑出針目。
V 滑針（下針）
①
針目直接移至
右針上。
②
● 套收針（下針）
①
下針
邊端2針織下針。
②
覆蓋
以左棒針挑起第1針，
套住第2針。
③
下一針同樣織下針。
④
以步驟②要領覆蓋針目。
重複此動作。
編織後可解開的起針針目
①
別鎖起針鉤織鎖針。
②
挑別鎖的裡山。
③
重複步驟②動作。
④
完成第一段。
⑤
一邊解開別線鎖針，
一邊以棒針依序挑針，逆向編織。
引返針
※腕套、圍脖（左側）織法，
請參照步驟②與⑤的★記號部分。
①
不編織
第2段
②
編織
滑針
掛針
第3段
③
不編織
第4段
④
編織
滑針
掛針
第5段
★＝掛針與下針
交換後編織
2併針。
⑤
第6段
⑥段消失的
右斜上編織。
引返針
※圍脖（右側）織法請參照步驟，
②與⑤的★記號部分。
①
不編織
第1段
②
編織
滑針
掛針
第2段
③
不編織
第3段
④
編織
滑針
掛針
第4段
★＝箭頭的動作。
⑤
滑針
掛針
第5段
⑥
段消失的
右斜上編織。

國家圖書館出版品預行編目資料

斉藤謠子の質感裁縫：洋服．布包．手作小物／斉藤謠子著；林麗秀譯．-- 初版．-- 新北市：雅書堂文化，2020.01
面；　公分．--（拼布美學；44）
ISBN 978-986-302-524-5(平裝)

1. 縫紉 2. 衣飾 3. 手提袋 4. 手工藝

426.3　　108021539

PATCHWORK 拼布美學 44

斉藤謠子の質感裁縫

洋服・布包・手作小物

作　　者／斉藤謠子
譯　　者／林麗秀
發 行 人／詹慶和
執行編輯／黃璟安
編　　輯／蔡毓玲・劉蕙寧・陳姿伶・陳昕儀
執行美編／陳麗娜
美術設計／周盈汝・韓欣恬
紙型排版／造極
出 版 者／雅書堂文化事業有限公司
發 行 者／雅書堂文化事業有限公司
郵政劃撥帳號／18225950
戶　　名／雅書堂文化事業有限公司
地　　址／新北市板橋區板新路206號3樓
電　　話／(02)8952-4078
傳　　真／(02)8952-4084
網　　址／www.elegantbooks.com.tw
電子信箱／elegant.books@msa.hinet.net

2020年1月初版一刷　定價580元

SAITO YOKO NO WATASHI NO ZUTTO SUKINA MONO
YOFUKU・NUNO BAG・KOMONO by Yoko Saito

Original Japanese edition published by NHK Publishing,Inc.

This Traditional Chinese edition is published by arrangement with NHK Publishing, Inc., Tokyo in care of Tuttle-Mori Agency, Inc., Tokyo
through Keio Cultural Enterprise Co., Ltd.,New Taipei City.

經銷／易可數位行銷股份有限公司
地址／新北市新店區寶橋路235巷6弄3號5樓
電話／(02)8911-0825
傳真／(02)8911-0801

斉藤謠子 Yoko Saito

拼布作家、布作作家。學習西式、日式裁縫後，對美國的古董拼布產生濃厚興趣，開始從事拼布創作。以ＮＨＫ「すてきにハンドメイド」節目為首，除了在電視、雜誌等發表眾多作品之外，還擔任才藝教室與網路講座的講師，於日本國內外舉辦作品展與講習會等廣受歡迎的創作者。
著有《斉藤謠子の いま持ちたいキルトバッグ》《斉藤謠子のハウス大好き》（皆ＮＨＫ出版）等，部分繁體中文版著作由雅書堂文化出版。

斉藤謠子Quilt school&shop
Quilt party（株）
http://www.quilt.co.jp

原書製作團隊

書籍設計
渡部浩美

攝影
有賀　傑（封面）、下瀬成美（作法）

造型設計
串尾広枝

模特兒
横田美憧

梳化
高野智子、高松由佳（p.37・p.44）

作法解說
奥田千香美、百目鬼尚子、岡野與よ子（リトルバード）、小島恵子

作法製圖
tinyeggs studio（大森裕美子）、たまスタヂオ、
day studio（ダイラクサトミ）（p.95）

grading
株式会社トワル

校對
廣瀬詠子

編輯
高野千晶（NHK出版）

製作協力
山田数子、徳岡さおり

服裝協力
サラウェア
p.2・6長褲、p.4長褲、p.9長褲、p.10・p.15襯衫、長褲、
p.22纏在頭上的圍巾、p.40・p.41襯衫、p.42・p.43高領上衣、長褲
ハンズ オブ クリエイション／エイチ・プロダクト・デイリーウエア
p.5長褲、p.2・p.6・p.7襯衫、p.12長褲、p.13上衣、
p.22・p.23針織衫、連身吊帶褲、p.39 2WAYト上衣
プリュス バイ ショセ
p.2・p.6、p.11、p.12鞋子／chausser
p.4・p.8、p.13鞋子／MUKAVA
p.5・p.9鞋子／TRAVEL SHOES

攝影協力
PROPS NOW TOKYO
TITLES
AWABEES
UTUWA

斉藤謠子の質感裁縫

洋服・布包・手作小物

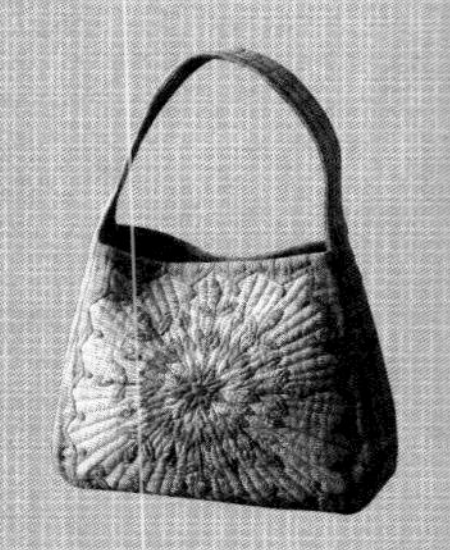

斉藤謠子の質感裁縫

洋服・布包・手作小物

斉藤謠子の質感裁縫

洋服・布包・手作小物

斉藤謠子の質感裁縫

洋服・布包・手作小物